感謝您購買旗標書，
記得到旗標網站
**www.flag.com.tw**
更多的加值內容等著您⋯

<請下載 QR Code App 來掃描>

1. 建議您訂閱「旗標電子報」：精選書摘、實用電腦知識搶鮮讀；第一手新書資訊、優惠情報自動報到。

2. 「更正下載」專區：提供書籍的補充資料下載服務，以及最新的勘誤資訊。

3. 「網路購書」專區：您不用出門就可選購旗標書！

買書也可以擁有售後服務，您不用道聽塗說，可以直接和我們連絡喔！

我們所提供的售後服務範圍僅限於書籍本身或內容表達不清楚的地方，至於軟硬體的問題，請直接連絡廠商。

● 如您對本書內容有不明瞭或建議改進之處，請連上旗標網站，點選首頁的 讀者服務 ，然後再按右側 讀者留言版 ，依格式留言，我們得到您的資料後，將由專家為您解答。註明書名 (或書號) 及頁次的讀者，我們將優先為您解答。

學生團體　訂購專線：(02)2396-3257 轉 361, 362
　　　　　傳真專線：(02)2321-2545

經銷商　　服務專線：(02)2396-3257 轉 314, 331
　　　　　將派專人拜訪
　　　　　傳真專線：(02)2321-2545

**國家圖書館出版品預行編目資料**

創客‧自造者工作坊：感測器智慧生活大應用 /
施威銘研究室 著 -- 臺北市：旗標, 2017.07　面；　公分

ISBN 978-986-312-454-2 (平裝)

1.微電腦　2.電腦程式語言

471.516　　　　　　　　　　　106010095

作　　者／施威銘研究室

發行所／旗標科技股份有限公司

　　　　台北市杭州南路一段 15-1 號 19 樓

電　　話／(02)2396-3257 (代表號)

傳　　真／(02)2321-2545

劃撥帳號／1332727-9

帳　　戶／旗標科技股份有限公司

監　　督／楊中雄

執行企劃／黃昕暐

執行編輯／留學成‧邱裕雄

美術編輯／薛榮貴

封面設計／古鴻杰

校　　對／留學成‧邱裕雄‧陳煥章‧黃昕暐

行政院新聞局核准登記 - 局版台業字第 4512 號

ISBN　978-986-312-454-2

# Contents

U0064283

# 01 智慧生活控制中心 — Arduino 快速入門

創客/自造者/Maker 這幾年來快速發展, 已蔚為一股創新的風潮。由於各種相關軟硬體越來越簡單易用, 即使沒有電子、機械、程式等背景, 只要有想法有創意, 都可輕鬆自造出新奇、有趣、或實用的各種作品。

本書以介紹多種感測器為主軸, 期望能讓大家動手當創客, 將創意應用在每日的生活中。例如透過**水位感測模組**, 可以製作出能偵測浴缸水位高低, 並在放好洗澡水時自動發出通知的警示器; 而藉由**紅外線人體移動偵測模組**, 就能製作自動感應燈, 或是入侵偵測警報器等。

為了能從感測器讀取相關資訊, 像是從水位感測模組取得水位變化資訊, 並依此判斷啟動對應機制, 例如利用蜂鳴器發出警示聲, 就需要一個控制中心。這個控制中心, 最方便的實踐方式就是採用 **Arduino UNO** 開發板, 可讓我們撰寫程式來進行各種控制。

請不要看到『程式』兩個字就感到害怕, 我們將採用圖像式的積木開發環境 - **Flag's Block**, 只要用滑鼠拉曳積木就可以設計好程式, 讓程式設計就像排積木一樣簡單又容易!

## 1-1 認識嵌入式系統與 Arduino

### 什麼是嵌入式系統

顧名思義, **嵌入式系統** (Embedded System) 就是『嵌入』於某項裝置, 『執行特定功能』的電腦系統。舉凡一般家庭中可看到的各式家電、視聽娛樂器材等, 這些設備的核心, 可能就是個執行特定工作的小電腦 (例如計算機會依使用者鍵入的數字、運算符號計算結果, 並顯示在螢幕上)。

嵌入式系統通常只需簡單的輸出、輸入控制, 不需用到像個人電腦這樣等級的『控制中樞』, 因而就有整合了 CPU、RAM 及一些輸出入功能於一身的**微控制器** (Microcontroller, 以下簡稱 MCU), MCU 就相當於將一個基本電腦整合到單一顆 IC 晶片上, 所以有人稱之為**單晶片微電腦**, 或簡稱**單晶片**。

### Arduino 簡介

Arduino 的出現, 目的是為了簡化 MCU 嵌入式應用開發流程, 降低學習門檻, 讓更多人能快速投入嵌入式系統的開發。

Arduino 將其設計完全開放, 歡迎所有人一起來研究與生產, 所以市面上有眾多 Arduino 相容開發板, 其功能與原廠相同, 提供了更多樣化的選擇。Arduino 有多種不同型號的開發板, 其中最常見的就是 UNO 開發板:

USB 孔

◀ 本書的主角: **旗標**公司的 Arduino UNO 相容開發板

Arduino 開發平台包括 **Arduino 開發板** (或稱控制板) 及 **Arduino IDE** (整合開發環境)，一般提到 Arduino 時，有時是指整個軟硬體開發平台，有時則單指硬體開發板或軟體的開發環境。

```
Blink | Arduino 1.8.3                               —  □  ✕
檔案 編輯 草稿碼 工具 說明

 ✓  →    □   ↓  ↑                                        🔎
┌─────────────────────────────────────────────────────┐
│ Blink                                                ▼│
├──────────────────────────────────────────────────────│
// the setup function runs once when you press reset or power the board
void setup() {
  // initialize digital pin LED_BUILTIN as an output.
  pinMode(LED_BUILTIN, OUTPUT);
}

// the loop function runs over and over again forever
void loop() {
  digitalWrite(LED_BUILTIN, HIGH);   // turn the LED on (HIGH is the voltage level)
  delay(1000);                       // wait for a second
  digitalWrite(LED_BUILTIN, LOW);    // turn the LED off by making the voltage LOW
  delay(1000);                       // wait for a second
}
```

▲ 用來設計程式的 Arduino IDE

## 1-2 降低入門門檻的 Flag's Block

雖然 Arduino 的目的是為了簡化 MCU 嵌入式應用開發流程，但是本質上仍是採用 C/C++ 程式語言進行開發，對於沒有學過 C/C++ 程式語言的人，仍然具有不低的入門門檻。

可能很多人聽到程式語言四個字就開始發慌，打開 Arduino IDE 看到一堆英文字就開始頭疼，難道當創客一定要先學習 C/C++ 程式語言嗎？

為了降低學習 Arduino 開發的入門門檻，**旗標**公司特別開發了一套圖像式的積木開發環境 - **Flag's Block**，有別於傳統文字寫作的程式設計模式，Flag's Block 使用積木組合的方式來設計邏輯流程，加上全中文的介面，能大幅降低一般人對程式設計的恐懼感。

▲ 可以輕鬆設計程式的 Flag's Block

按此鈕可開啟 (或關閉)
右側的程式碼窗格

> 設計好的積木，可自動轉換為 Arduino 程式碼，以供您檢視，或上傳到 Arduino 開發板中執行。

透過 Flag's Block 這套容易上手的開發環境，任何人只要有創意、有想法，都可以學習當一個創客，不必再因為學不會程式語言而卻步。

## 1-3 使用 Flag's Block 開發 Arduino 程式

### 連接 Arduino

在開發 Arduino 程式之前，請先將 Arduino 開發板插上 USB 連接線，USB 線另一端接上電腦：

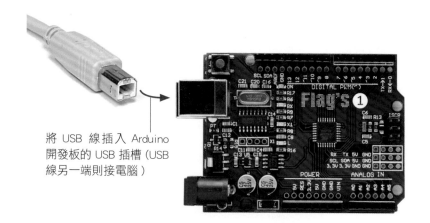

將 USB 線插入 Arduino 開發板的 USB 插槽 (USB 線另一端則接電腦)

## 安裝與設定 Flag's Block

　　請使用瀏覽器連線 http://www.flag.com.tw/download/FlagsBlock.exe 下載 Flag's Block, 下載後請雙按該檔案, 如下進行安裝:

macOS 的使用者請依照線上教學下載安裝 macOS 版軟體, 網址為 https://www.flag.com.tw/download/FlagsBlock.pdf。

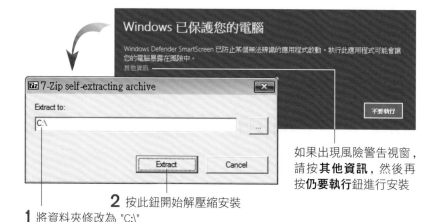

如果出現風險警告視窗, 請按**其他資訊**, 然後再按**仍要執行**鈕進行安裝

**2** 按此鈕開始解壓縮安裝

**1** 將資料夾修改為 "C:\"

安裝完畢後, 請執行『**開始/電腦**』命令, 切換到 "C:\FlagsBlock" 資料夾, 依照下面步驟開啟 Flag's Block 然後安裝驅動程式:

**1** 雙按 **Start.exe** 檔案

若出現 **Windows 安全性警訊** (防火牆) 的詢問交談窗, 請選取**允許存取**

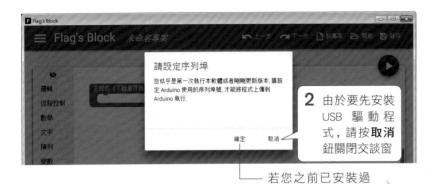

**2** 由於要先安裝 USB 驅動程式，請按**取消**鈕關閉交談窗

若您之前已安裝過驅動程式，可按**確定**鈕直接進行設定

**3** 按此鈕開啟選單

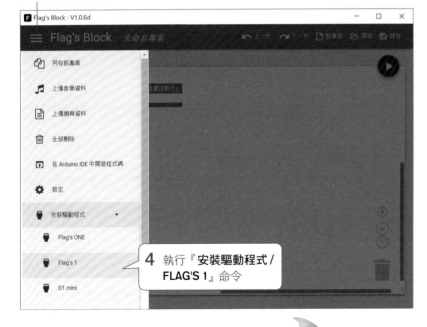

**4** 執行『**安裝驅動程式 / FLAG'S 1**』命令

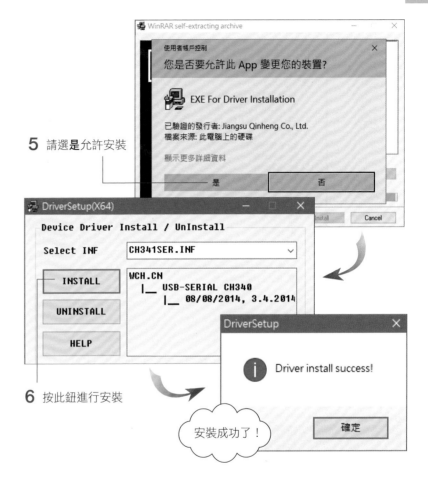

**5** 請選**是**允許安裝

**6** 按此鈕進行安裝

安裝成功了！

安裝好驅動程式之後，請再次確定 Arduino 已經連接到電腦，然後在左下角的開始圖示上按右鈕執行『**裝置管理員**』命令 (Windows 10 系統)，或執行『**開始/控制台/系統及安全性/系統/裝置管理員**』命令 (Windows 7 系統)，來開啟裝置管理員，尋找 Arduino 板使用的序列埠：

請注意，使用不同的電腦，或是連接到不同的 Arduino 板，其序列埠編號都可能不同。

**1** 展開**連接埠**項目

**2** 尋找並記下 Arduino 板使用的序列埠編號（顯示的名稱也可能是『USB 序列裝置 (COM27)』）

找到 Arduino 板使用的序列埠後，請如下設定 Flag's Block：

**1** 按此鈕開啟選單

**2** 執行『**設定**』命令

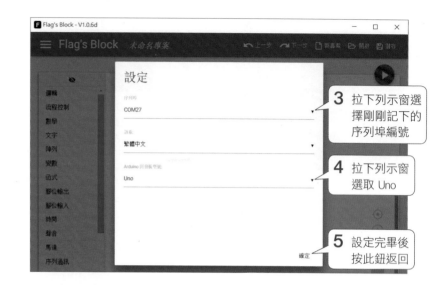

**3** 拉下列示窗選擇剛剛記下的序列埠編號

**4** 拉下列示窗選取 Uno

**5** 設定完畢後按此鈕返回

目前已經完成安裝與設定工作，接下來我們將開始使用 Flag's Block 開發 Arduino 程式。

## LAB 01 點亮內建的 LED 燈

### 實驗目的

使用 Flag's Block 開發 Arduino 程式，在程式中點亮 Arduino 板上內建的 LED 燈。

### 設計原理

#### ■ Arduino 輸出入腳位

為了能讀取外部送入的資料、感測資訊，以及主動輸出以控制外部元件，MCU 都會有一些輸出入腳位。在 Arduino 控制板上已將其 MCU 的輸出入腳位接到板子兩側的插座，以一般常見的杜邦線、單芯線連接，就等於連接到 MCU 的輸出入腳位。

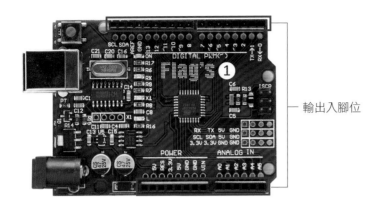

輸出入腳位

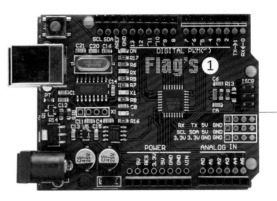

內建的 LED 燈 (標示為 L, 顏色因生產差異可能不同)

輸出入腳位旁邊都有標示編號及用途 (有些則只標示編號)：

- 標示 0～13 的腳位是可用於**數位** (Digital) 輸出入的腳位, 亦即由這些腳位可讀取或輸出**高電位** (代表 1) 或**低電位** (代表 0) 的狀態。

- 標示 A0～A5 的腳位可用於讀取**類比** (Analog) 訊號。

本章將先說明如何使用這些腳位輸出高低電位, 至於類比訊號將於稍後的章節說明。

## ■ LED 原理

LED (發光二極體) 的運作原理相當簡單, 只要在正確方向輸入足夠的電壓、適當電流, 就會使其發光 (逆向通電則不會發光)。

要產生電流, 就像水從高水位處往低水位處流一樣, 必須讓電路的兩端有高低電位差, 就會讓電從高電位往低電位處流動。所以我們只要讓 Arduino 腳位輸出高電位, 讓電流向低電位處, 當電流流過 LED 燈就會使其發光；反之若 Arduino 腳位輸出低電位, 因為電路兩端沒有高低電位差, 電流停止流動, LED 燈就會熄滅。

為了方便使用者, Arduino 板上已經內建了一個 LED 燈, 在 Arduino 板內的電路一端連接到腳位 13, 另一端連接到低電位處, 所以在程式中將腳位 13 設為高電位, 即可點亮這個內建的 LED 燈。

## ■ 設計程式

請切換到 "C:\FlagsBlock" 資料夾, 雙按 **Start.exe** 開啟 Flag's Block：

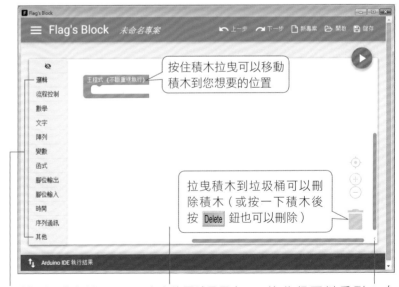

按住積木拉曳可以移動積木到您想要的位置

拉曳積木到垃圾桶可以刪除積木 ( 或按一下積木後按 Delete 鈕也可以刪除 )

這些類別內有各種 Arduino 程式設計相關積木

空白的區域是用來放置積木以便設計程式邏輯

按此鈕可以看到 Flag's Block 自動產生的 Arduino 程式碼

**1** 按一下**腳位輸出**以展開類別　　**2** 拉曳此積木到**主程式**積木內部

按**儲存**鈕即可儲存專案

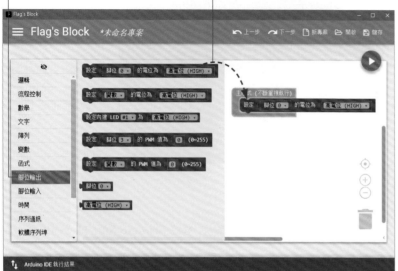

**3** 按此箭頭拉下列示窗後, 選擇腳位 **13**

我們已經設計好第一個程式了, 是不是輕鬆又容易呢?

## 儲存專案

程式設計完畢後, 請先儲存專案:

### 軟體補給站

## 如果看不到儲存鈕

如果因為畫面太窄看不到**儲存**鈕, 請開啟選單即可執行『**儲存**』命令:

**1** 按此鈕開啟選單

**2** 執行『**儲存**』命令

如果是新專案第一次儲存，會出現交談窗讓您選擇想要儲存專案的資料夾：

**1** 切換到想要儲存專案的資料夾

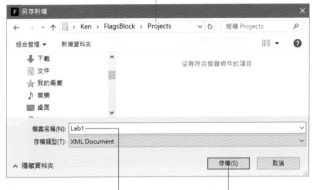

**2** 輸入專案名稱（在儲存時會自動加上副檔名而成為 Lab1.xml）　　**3** 按此鈕儲存

---

### 軟體補給站

#### 開啟已儲存的專案或範例專案

日後若您想要重新開啟之前儲存的專案，請如下操作：

**1** 按**開啟**鈕

接下頁

---

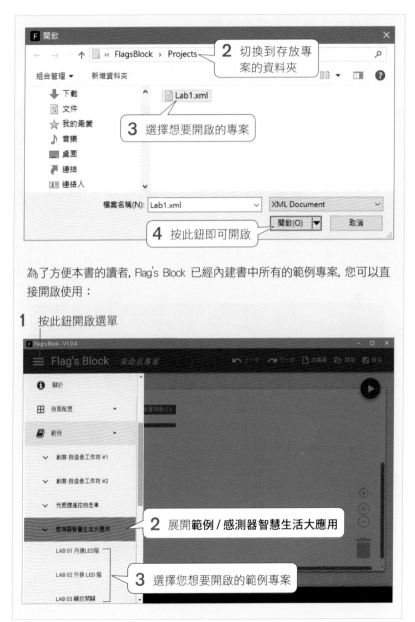

**2** 切換到存放專案的資料夾

**3** 選擇想要開啟的專案

**4** 按此鈕即可開啟

為了方便本書的讀者，Flag's Block 已經內建書中所有的範例專案，您可以直接開啟使用：

**1** 按此鈕開啟選單

**2** 展開**範例/感測器智慧生活大應用**

**3** 選擇您想要開啟的範例專案

## 將程式上傳到 Arduino 板

為了將程式上傳到 Arduino 板執行, 請先確認 Arduino 板已用 USB 線接至電腦, 然後依照下面說明上傳程式:

按此鈕開始上傳程式

如果出現 **Windows 安全性警訊**（防火牆）的詢問交談窗, 請選取**允許存取**

正在透過 Arduino 開發環境上傳程式

按此處可以關閉訊息窗格

上傳成功

上傳成功後, 即可看到 Arduino UNO 板上標示 L 的 LED 燈會持續亮著

若您看到紅色的錯誤訊息, 請如下排除錯誤:

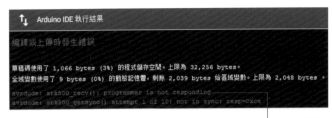

此訊息代表您的電腦無法與 Arduino 連線溝通，
請將連接 Arduino 的 USB 線拔除重插

此訊息表示電腦找不到 Arduino 使用的序列埠，
請依照前面的說明重新設定序列埠

由於接下來的實驗要開始動手連接線路了，所以底下會先補充一些簡單的電學及佈線知識，以便能順利、開心地進行下一個 LAB。

# 1-4 電壓、電流、電阻

## 電壓

**電壓**和水壓類似，電壓越大時，可以驅動越多的電流在導體內流動。常用的電壓單位是伏特 (V)，一般 USB 傳輸線的電壓為 5V。Arduino 可輸出 5V 或 3.3V 的電壓，以配合不同電壓需求的元件。本書的電子元件均使用 5V。

## 電流

**電流**和水流 (量) 類似，電流越大則可提供越大的能量，例如讓 LED 燈變的越亮。**電壓和電流是正比**的關係，在相同的電路中若電壓變大，則電流也會跟著變大。常用的電流單位是安培 (A) 或毫安 (mA，千分之一安培)。

## 電阻

**電阻**和水流的阻力 (例如水閘或水龍頭) 類似，在相同的電路中若電阻變大，則電流會受較大的阻力而變小，因此**電阻和電流是反比**的關係。常用的電阻單位是歐姆 (Ω) 或千歐姆 (KΩ)。

## 電阻器

**電阻器**也簡稱**電阻**，一般在做實驗時所說的電阻，大多是指電阻器，而非前面和電流呈反比的那個電阻。例如：『220Ω 電阻』就是指電阻為 220Ω 的電阻器。

當電壓固定時 (例如 5V)，我們通常會用電阻來降低電路中的電流，以避免因電流過大而燒壞元件 (每種元件的電流負荷量不盡相同)。本書所使用電阻均為 220Ω。

電阻通常是以色環來標示其電阻值，本圖為 220Ω 的電阻

# 1-5 LED 燈的種類與接線

LED (發光二極體) 是目前常用的節能照明器具，依照其用途而有各種不同的型式與亮度。一般實驗用的 LED 為小型單色或彩色 LED 燈：

多彩 LED

▲ 各種顏色的 LED 燈

請注意，LED 燈和電池一樣，**有分正負極**，接反了 LED 是不會亮的。LED 兩支接腳的長腳 (或有彎折的腳) 是正極，短腳 (或筆直的腳) 則是負極。另外，在接線時通常還會搭配一顆電阻來降低電流，以避免電流過大而燒壞LED。

# 1-6 麵包板、杜邦線、排針

## 麵包板

**麵包板**的正式名稱是『免焊萬用電路板』，在使用時不需焊接就可進行簡易電路組裝，十分方便。市面上的麵包板有很多種尺寸與型式，我們可依自己的需要選購。

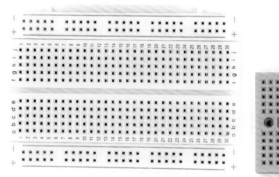

一般麵包板 (有多種尺寸)

本套件所附的為迷你型麵包板，好處是體積小、攜帶方便 (顏色隨機出貨，功能相同)

麵包板的表面有很多的插孔。插孔下方有相連的金屬夾，當零件的接腳插入麵包板時，實際上是插入金屬夾，進而和同一條金屬夾上的其他插孔上的零件接通：

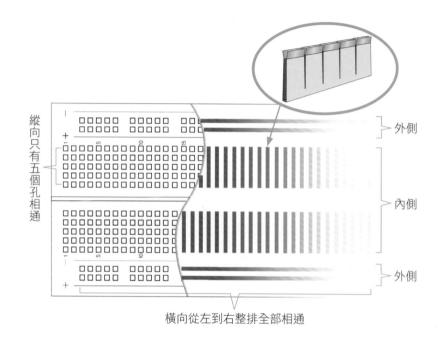

縱向只有五個孔相通

外側

內側

外側

橫向從左到右整排全部相通

一般麵包板分內外兩側 (如上圖)，而迷你型麵包板則只有內側。內側每排 5 個插孔的金屬夾片接通，但左右不相通，這部分用於插入電子零件。外側插孔則是左右相通，但上下不相通，通常是供正負電源使用，將正電接到紅色標線處，負電則接到藍色 (或黑色) 標線處，以方便將同一電源連接到多個電子元件。

## 杜邦線

**杜邦線**是二端已經做好接頭的單心線，可以很方便的用來連接 Arduino、麵包板、及其他各種電子元件。杜邦線的接頭可以是公頭 (針腳) 或是母頭 (插孔)，因此依照二端接頭可分為雙公、雙母、或一公一母 3 種。

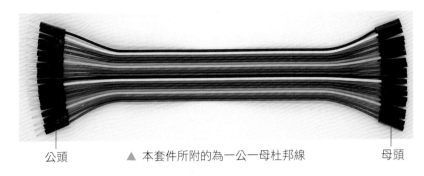

公頭　　　　▲ 本套件所附的為一公一母杜邦線　　　母頭

## 排針

**排針** 又稱蜈蚣腳, 在使用時要一根根 (或幾根一組) 剝下來使用。其二端均為公頭, 因此可用來將杜邦線或裝置上的母頭變成公頭:

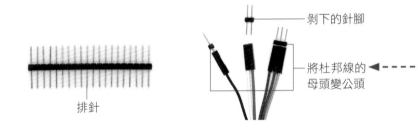

剝下的針腳

排針

將杜邦線的
母頭變公頭

## LAB 02 閃爍外接的 LED 燈

### 🔌 實驗目的

學習外接 LED 燈搭配 220Ω 電阻的佈線技巧, 並在程式中利用延遲及改變輸出狀態的積木, 讓 LED 達到閃爍效果。

### 🔌 材料

- Arduino UNO 板
- 220Ω 電阻
- 麵包板
- 杜邦線及排針若干
- LED 燈

### 🔌 線路圖

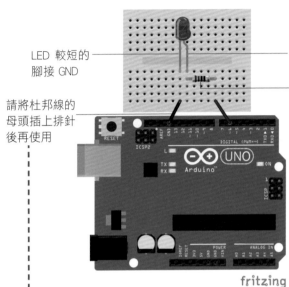

LED 較短的
腳接 GND

LED 較長的腳要
接到正極 (腳位
6 的 5V 輸出 )

請將杜邦線的
母頭插上排針
後再使用

加 入 220Ω 電
阻可降低電流,
以避免電流過
大而燒壞 LED

fritzing

---

**😀 軟體補給站**

### Arduino 的電源輸出

在 Arduino Uno 板子上有一排 Pin 腳標示有 Power 字樣, 這是有關電源輸出/輸入的腳位。其中 Vin 可做為外部提供電力給 Arduino 板的入口, 但難度較高不建議初學者使用 (使用 USB 線來供電即可)。

標示 5V 的腳位可輸出 5V 電壓給外部元件使用, 凡是電路上需要 5V 電壓就可由此腳位取得 (正極接 5V 腳位、負極接 GND 腳位)。如果有週邊元件需要 3.3V 供電, 則可以由 3V3 腳位取得 (正極接 3V3 腳位、負極接 GND 腳位)。

接下頁

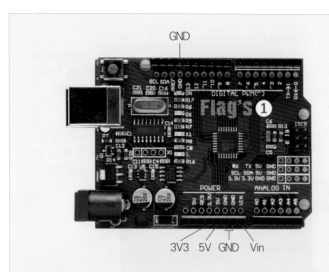

GND

3V3　5V　GND　Vin

此外, 標示 0~13 及 A0~A5 的腳位當設成高電位輸出時, 也都可以輸出 5V 的電壓。例如將編號 6 的腳位接到 LED 長腳 (LED 另一腳接 GND), 則可借由將腳位 6 設成高 (或低) 電位來點亮 (或熄掉) LED 燈。

在 Arduino 上共有 3 個 GND 腳位 (上排有 1 個, 下排 2 個), 它們都是相通的, 因此都可以用來做為負極。負極一般稱為**接地** (Ground), 其電壓為 0V, 為低電位。

3V3 是 3.3V 的簡寫, 以節省印刷空間。

### 🔌 設計原理

一般嵌入式系統的應用程式有個特色, 就是不斷執行某項工作 (直到關閉電源)。舉例來說, 某個電子溫溼度計, 其工作就是不斷去讀取溫溼度感測器, 將目前溫溼度顯示在液晶螢幕上;如果它是個無線感測裝置, 可能也要定時將溫溼度透過無線通訊傳送到中央控制室的控制面板。

當我們使用 Flag's Block 開發 Arduino 程式時, 像上述這樣『讀取溫溼度、顯示 (或傳送) 溫溼度』的重複工作, 請放在**主程式**的積木中, Arduino 就會不斷重複執行其程式 (除非電源被拔除或發生程式當掉等意外狀況)。

如果程式需要進行初始化的工作, 例如無線感測裝置需要先連上網路, 請將這些工作放在**SETUP 設定**積木內, 在此積木內的程式會率先被執行且只會執行 1 次。

**SETUP 設定**積木位於**流程控制**類別中, 有需要時再加入即可。

整個系統程式的執行流程如下:

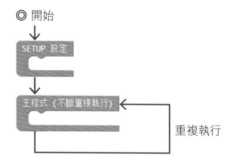

所以若我們想要設計程式讓 LED 持續閃爍, 只要在**主程式**積木中, 讓 LED 一亮一暗, Arduino 就會一直持續重複此動作, 達到 LED 持續閃爍的效果。

### 🔌 設計程式

請開啟 Flag's Block, 然後如下操作:

**1** 展開**腳位輸出**類別　　**2** 拉曳此積木到**主程式**積木內部

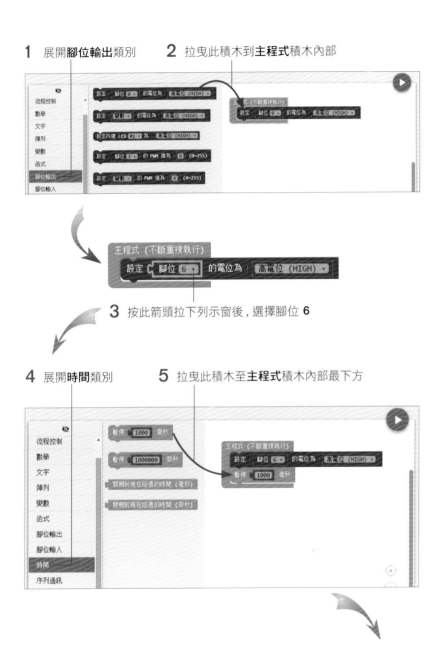

**3** 按此箭頭拉下列示窗後，選擇腳位 **6**

**4** 展開**時間**類別　　**5** 拉曳此積木至**主程式**積木內部最下方

**6** 按一下此欄位

**7** 輸入 "500"

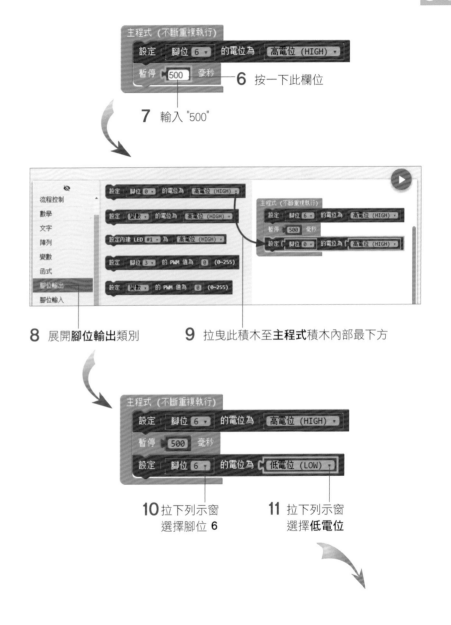

**8** 展開**腳位輸出**類別　　**9** 拉曳此積木至**主程式**積木內部最下方

**10** 拉下列示窗 選擇腳位 **6**　　**11** 拉下列示窗 選擇**低電位**

**13** 拉曳此積木至**主程式**積木內部最下方

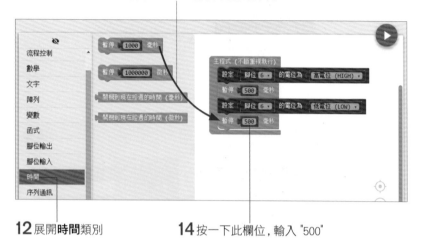

**12** 展開**時間**類別          **14** 按一下此欄位，輸入 "500"

設計到此, 就已經大功告成了, 完整的架構如下:

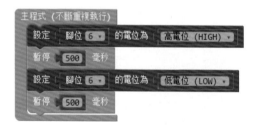

完成後請按**儲存**鈕儲存專案為 "Lab2", 然後確認 Arduino 板已用 USB 線接至電腦, 按 ▶ 鈕將程式上傳, 當出現上傳成功訊息, 即可看到麵包板上的 LED 燈持續閃爍。

# 02 和智慧手機一樣的觸控開關

傳統的機械式開關, 例如牆壁上的電燈開關, 在操作時通常需要稍微用點力, 而且還會發出聲響, 另外使用久了也容易因老化或磨損而失靈。

**觸控開關**則具備操作容易、安靜、美觀耐用等特性, 在現代生活中已逐漸取代傳統的機械開關。例如觸控燈、手機、鬧鐘、微波爐、冷氣機、血壓計...等等, 都常可見到**觸控開關**的蹤影。

觸控開關的原理, 就是利用電容來感測人體 (手指) 的觸摸, 當有觸摸時就送出高電位, 否則送出低電位:

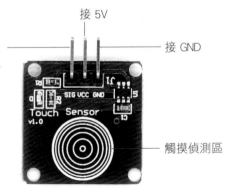

接 5V

訊號輸出:有觸摸時送出高電位, 否則送出低電位

接 GND

觸摸偵測區

接著我們便可利用高低電位的變化, 來進行開關切換等應用。例如觸摸一下開燈、再觸摸一下關燈;或是用於鬧鐘, 當按住觸控開關時讓數值持續增加, 直到放開為止。

## LAB 03 觸控燈

### 實驗目的

利用**觸控開關**來切換 Arduino 外接 LED 燈的亮暗, 以模擬觸控燈的效果。

### 材料

- Arduino UNO 板
- 觸控開關
- 220Ω 電阻
- 麵包板
- LED 燈
- 杜邦線若干

### 接線圖

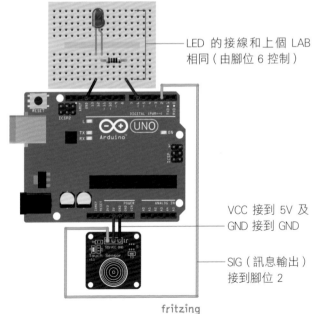

LED 的接線和上個 LAB 相同 (由腳位 6 控制)

VCC 接到 5V 及 GND 接到 GND

SIG (訊息輸出) 接到腳位 2

fritzing

## 設計原理

若要實作『觸摸一下開、再觸摸一下關』的功能，我們可選擇在觸控開關『剛被觸摸』時來切換開關，也就是每當觸控開關的狀態由『輸出**低電位** (未觸摸)』變成『輸出**高電位** (已觸摸)』時，就將 LED 燈點亮或關掉。

要做到上述功能，程式就必須記錄觸控開關的狀態變化，才能在**主程式**中判斷是否剛被觸摸 (就是由未觸摸變成已觸摸)；另外還要記錄是第幾次觸摸，以便判斷本次觸摸是要點亮還是關掉 LED。這時就需要用到『**變數**』來記錄這些資料，所謂變數，就是一個具有名稱且可儲存資料的空間，每個變數在使用前都要先取名，然後即可用該名稱來讀取或變更其儲存的內容。

稍後我們會建立 3 個變數：

- **之前腳位2電位**：用來記錄前一次腳位 2 的電位狀態 (由腳位 2 可讀取觸控開關的輸出電位) 。

- **目前腳位2電位**：用來記錄目前腳位 2 的電位狀態。當**之前腳位2電位**為低電位而**目前腳位2電位**為高電位時，就將下面的**觸摸次數**變數加 1。

- **觸摸次數**：用來記錄觸摸了幾次，為奇數次時要點亮 LED，為偶數次則熄掉 LED (例如第 1 次點亮，第 2 次熄掉... 以此類推)。

## 設計程式

請先啟動 Flag's Block 程式，然後如下操作：

1. 先在 **SETUP 設定**積木中建立前面介紹的 3 個變數：

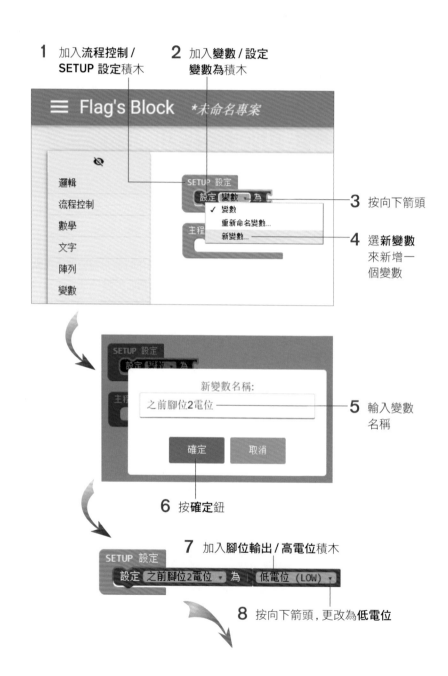

1 加入**流程控制 / SETUP 設定**積木

2 加入**變數 / 設定變數為**積木

3 按向下箭頭

4 選**新變數**來新增一個變數

5 輸入變數名稱

6 按**確定**鈕

7 加入**腳位輸出 / 高電位**積木

8 按向下箭頭，更改為**低電位**

18

**9** 用同樣的方法，再加入設定**目前腳位 2**
**電位**變數的積木，同樣設為**低電位**

**10** 用同樣的方法，再加入設定
**觸摸次數**變數的積木

**11** 加入**數學 /0** 積木

當做到步驟 9 時，也可在已加入的**設定...為**積木上按右鈕執行『**複製**』命令，直接複製現成的積木來修改，以節省時間。在複製後要更改變數名稱時，請按名稱旁的向下箭頭並選取『**新變數**』以產生新的變數（若是選取『**重新命名變數**』則只會更改原變數的名稱而不會產生新變數）。

2. 接著加入積木先將 LED 燈關掉：

**1** 加入**腳位輸出 / 設定腳位 0**
**的電位為 ...** 積木

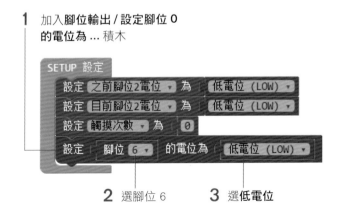

**2** 選腳位 6

**3** 選**低電位**

目前已在 **SETUP設定**積木中加入了 4 組積木，這些積木只會在程式一開始時執行一次：

建立**之前腳位 2 電位**變數，用來記錄前一次讀取的觸控開關電位，預設為**低電位**

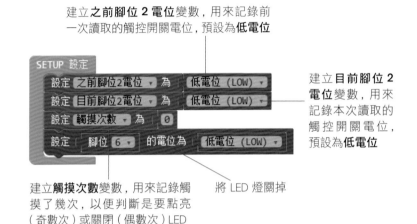

建立**目前腳位 2**
**電位**變數，用來記錄本次讀取的觸控開關電位，預設為**低電位**

建立**觸摸次數**變數，用來記錄觸摸了幾次，以便判斷是要點亮（奇數次）或關閉（偶數次）LED

將 LED 燈關掉

3. 接著我們要在**主程式(不斷重複執行)**積木中，不斷地讀取並記錄觸控開關的輸出電位，並決定何時要切換 LED 的亮暗：

**1** 在**主程式**中加入**變數 / 設定變數為**積木，並選取**目前腳位 2 電位**變數

**2** 加入**腳位輸入 / 讀取腳位 0 的電位高低**積木，並選取**腳位 2**

**3** 加入**流程控制 / 如果 .. 執行**積木

**4** 加入**變數 / 設定變數為**積木，並選取**之前腳位 2 電位**變數

**5** 加入**變數 / 變數**積木，並選取**目前腳位 2 電位**變數

以上在**主程式**中加入的積木會不斷重複執行，其作用補充如下：

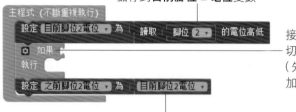

先讀取觸控開關的輸出電位，
儲存到**目前腳位 2 電位**變數

接著判斷是否要
切換 LED 亮暗
（先空著，稍後再
加入積木）

最後將**目前腳位 2 電位**變數的值儲存到
**之前腳位 2 電位**變數，以便下一次做比較

4. 接著來加入『判斷是否要切換 LED 燈』的積木，首先要加入『如果**之前腳位2電位**為低電位且**目前腳位2電位**為高電位，就將**觸摸次數**變數加 1』：

**1** 在**如果**的右邊加入**邏輯 /** 且積木

**2** 在**且**積木的內部加入 2 個**邏輯 /=** 積木

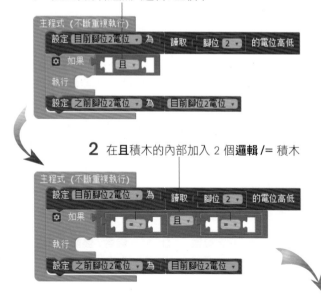

**3** 加入**變數 / 變數**積木，並
選取**之前腳位 2 電位**變數

**5** 加入**變數 / 變數**積木，並
選取**目前腳位 2 電位**變數

**4** 加入**腳位輸入 / 高電位**
積木，並改為**低電位**

**6** 加入**腳位輸入 /**
**高電位**積木

**7** 由於積木太長了，請在**且**積木上
按右鈕，執行『**多行輸入**』命令

**且**積木變成多行的形式了（若再按右鈕
執行『**單行輸入**』命令則可改回單行）

**8** 加入**數學 / 將變數的值加上 1** 積木，
並改為**觸摸次數**變數

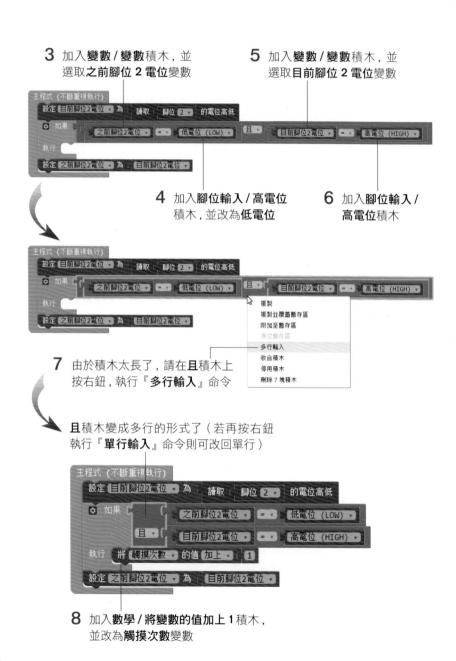

20

5. 將**觸摸次數**變數加 1 之後, 我們只需判斷『如果**觸摸次數**為奇數就開燈, 否則關燈』即可:

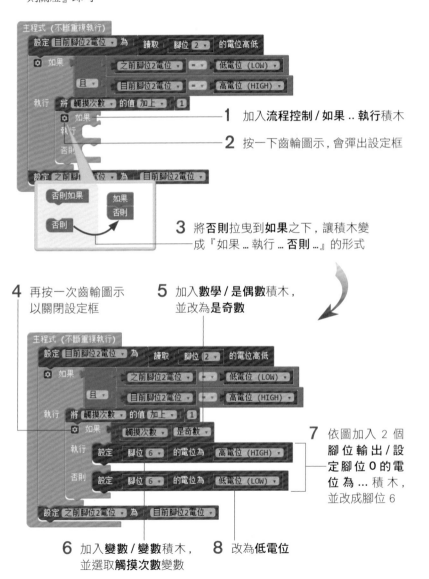

**1** 加入**流程控制 / 如果 .. 執行**積木

**2** 按一下齒輪圖示, 會彈出設定框

**3** 將**否則**拉曳到**如果**之下, 讓積木變成『如果 ... 執行 ... 否則 ...』的形式

**4** 再按一次齒輪圖示以關閉設定框

**5** 加入**數學 / 是偶數**積木, 並改為**是奇數**

**6** 加入**變數 / 變數**積木, 並選取**觸摸次數**變數

**7** 依圖加入 2 個**腳位輸出 / 設定腳位 0 的電位為 ...** 積木, 並改成腳位 6

**8** 改為**低電位**

6. 完成後請按右上方的**儲存**鈕存檔。完整的程式如下:

### 實測

按右上方的 ▶ 鈕上傳成功後, 即可觸摸一下觸控開關將 LED 點亮或關掉, 而且切換亮暗只會發生在剛觸摸的時候, 按住不放或剛放開時都不會有任何反應。

除了利用『剛觸摸』的時機來切換開關之外, 其實還可以再加上更多的應用, 例如觸摸超過 1 秒才放開時, 可讓 LED 燈閃爍。有興趣的讀者可自行練習看看, 或在 Flag's Blcok 中按左上角的選單鈕, 再由**範例**子選單中載入『LAB 03 觸控開關+閃爍』範例來研究。

# 03 自動感應開關 — 紅外線感測

紅外線是『不可見光』，其波長範圍比紅光更長一些。物體發出紅外線的波長會隨著溫度而有不同，一般人體 (攝氏37度) 發出的波長約 9.35 微米，屬於中紅外線的範圍。

---

**硬體加油站**

### 『主動式』與『被動式』紅外線感測模組

**主動式**紅外線感測模組，就是本身會主動發出紅外線，然後再偵測反射回來的紅外線做應用。例如：廁所的自動沖水裝置、感應式水龍頭、機器人/自走車的避障或循軌感測、商場入口的人數計數器、紅外線測距模組等。

**被動式**紅外線感測模組 (PIR, Passive InfraRed Sensor)，則本身不會發出紅外線，而是被動地偵測外界的紅外線，因此相當省電。由於外界可能一直都存在著紅外線，因此這類模組通常都是以偵測紅外線的『變化』為主，當有變化時才會反應，以便用來做為門廊的自動感應燈、或防小偷入侵的警報器等。

---

**紅外線人體移動偵測模組**又稱『紅外線動作感測模組 (PIR Motion Sensor)』，它是一種可以偵測外界紅外線變化的電子裝置，當偵測到紅外線的方位或強度發生變化時，就可發出訊號。

本套件所附的**紅外線人體移動偵測模組** (以下簡稱**人體偵測模組**或**偵測模組**) 有幾個特點：

1. 有 3 根針腳，中間的為輸出針腳，平時為低電位，當偵測到人體移動時則輸出高電位。

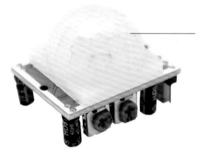

感測元件在塑膠罩的裡面，塑膠罩具多角折射功能，因此可以加大感測範圍

在生活中到處都有紅外線，除了常見的遙控器等電子裝置會發出紅外線外，其實一般物體只要有熱也會發出微弱的紅外線，而人體也不例外。因此當有人在動時，**紅外線人體移動偵測模組**就可以藉由紅外線的變化而偵測到。

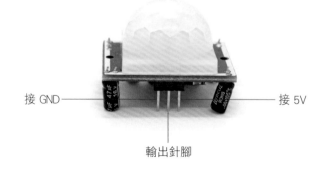

接 GND

接 5V

輸出針腳

2. 在通電後, 會有約 30 秒的**熱機時間**。在熱機時間內不會有感應, 並會有約 1~3 次短暫的高電位輸出。

3. 有 2 個旋鈕可調整輸出高電位的**延遲時間**、以及偵測的**靈敏度**(距離):

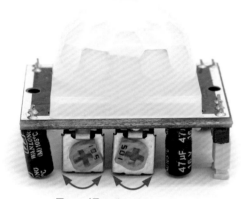

長　短　高　低

**延遲時間**　**靈敏度**

約 3~600 秒　約 3~7 公尺

當偵測到有人體移動時, 會持續輸出高電位一段時間, 即稱為**延遲時間**。例如將自動感應燈的**延遲時間**設為 10 秒鐘, 那麼當偵測到有人在動時, 至少會開燈 10 秒鐘後才關燈。

4. 在**延遲時間**到達之後, 會有一段約 5 秒的**封鎖時間**, 此時間內不會感應, 以避免短時間內不斷重複觸發, 例如讓燈不斷地開開關關。

5. 可用跳線選擇兩種觸發方式 (預設為 L 位置):

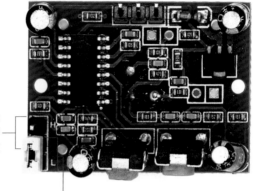

跳線帽在 H 位置時為**可重複觸發**:在延遲時間內可重複觸發, 每次觸發都會重算**延遲時間**

跳線帽在 L 位置時為**不重複觸發**:只觸發一次, 要等到**延遲時間**及**封鎖時間**都過了之後, 才會再次觸發

例如**延遲時間**為 10 秒, 而某人連續動了 5 秒, 若為**不重複觸發**, 則亮燈 10 秒後即熄燈, 因為只會在開始動時觸發一次;若為**可重複觸發**, 則亮燈後會持續 15 秒才熄燈, 因為前 5 秒會不斷觸發, 待不動後再延遲 10 秒才熄燈。

## Lab 04　自動感應燈

### 實驗目的

利用**人體偵測模組**來製作自動感應燈, 當有人接近或有動作時即會自動開燈, 待 10 秒後才會關燈。若持續有動作, 則會持續亮燈, 直到沒動作後再過 10 秒才關燈。

## 材料

- Arduino UNO 板
- 麵包板
- 紅外線人體移動偵測模組
- LED 燈
- 220Ω 電阻
- 杜邦線若干

## 接線圖

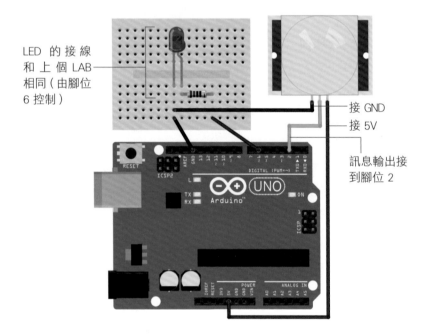

LED 的接線和上個 LAB 相同 (由腳位 6 控制)

接 GND
接 5V

訊息輸出接到腳位 2

## 設計原理

由於人體偵測模組已具備了可調整的延遲時間, 並可用跳線選擇是否重複觸發, 因此如果想直接使用偵測模組的現有功能, 只需在偵測模組輸出高電位時點亮 LED 燈, 輸出低電位時關閉 LED 燈即可。

不過, 由於偵測模組的旋鈕調整並不精確, 因此本實驗將自行用程式來實做『延長時間 10 秒, 可重複觸發』的自動感應燈。而設計的原理, 就是每當讀到偵測模組輸出高電位時, 就點亮**外接的 LED** 並重新計時 10 秒; 當讀到低電位時, 則檢查如果 10 秒到了, 就關閉 LED。

為了方便觀察, 我們會利用 Arduino **內建的 LED** 來顯示偵測模組的輸出狀態 (輸出高電位時點亮, 否則熄掉)。另外, 在程式一開始執行時還會讓內建 LED 閃爍 30 秒, 以表明偵測模組是在熱機中, 請稍待一會兒。

## 設計程式

請啟動 Flag's Block 程式, 然後如下操作:

1. 先加入 **SETUP 設定**積木, 然後加入一個重複 30 次的迴圈讓內建 LED 閃爍 30 秒:

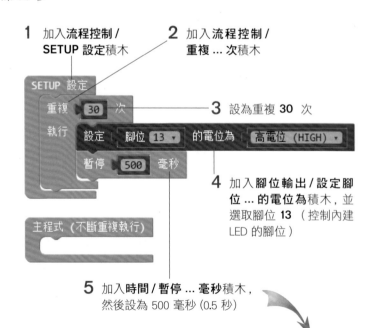

**1** 加入**流程控制 / SETUP 設定**積木

**2** 加入**流程控制 / 重複 ... 次**積木

**3** 設為重複 **30** 次

**4** 加入**腳位輸出 / 設定腳位 ... 的電位為**積木, 並選取腳位 **13** (控制內建 LED 的腳位)

**5** 加入**時間 / 暫停 ... 毫秒**積木, 然後設為 500 毫秒 (0.5 秒)

**6** 在上面的**設定腳位...**積木上按右鈕選擇『**複製**』，複製一份加在下面

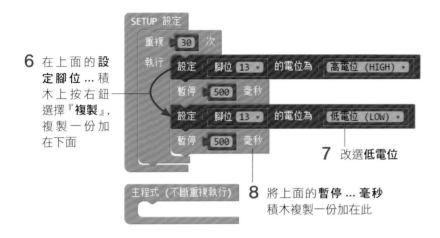

**7** 改選**低電位**

**8** 將上面的**暫停...毫秒**積木複製一份加在此

2. 接著在**主程式**積木中，先加入可依照偵測模組輸出電壓來開關內建 LED 的積木：

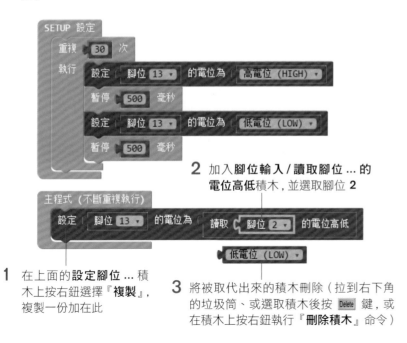

**2** 加入**腳位輸入 / 讀取腳位 ...** 的**電位高低**積木，並選取腳位 **2**

**1** 在上面的**設定腳位 ...** 積木上按右鈕選擇『**複製**』，複製一份加在此

**3** 將被取代出來的積木刪除（拉到右下角的垃圾筒、或選取積木後按 Delete 鍵，或在積木上按右鈕執行『**刪除積木**』命令）

3. 接著我們要在主程式中不斷讀取偵測模組的輸出，每當讀到高電位就點亮**外接的 LED** 並重新計時 10 秒；當讀到低電位時，則檢查如果 10 秒到了，就關閉 LED：

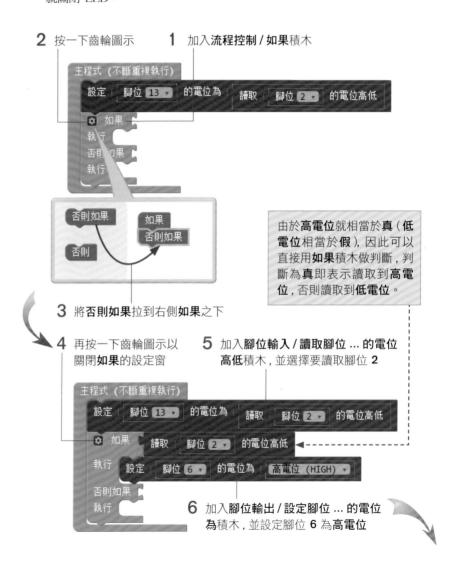

**2** 按一下齒輪圖示

**1** 加入**流程控制 / 如果**積木

**3** 將**否則如果**拉到右側**如果**之下

由於**高電位**就相當於**真**（**低電位**相當於**假**），因此可以直接用**如果**積木做判斷，判斷為**真**即表示讀取到**高電位**，否則讀取到**低電位**。

**4** 再按一下齒輪圖示以關閉**如果**的設定窗

**5** 加入**腳位輸入 / 讀取腳位 ...** 的電位**高低**積木，並選擇要讀取腳位 **2**

**6** 加入**腳位輸出 / 設定腳位 ...** 的電位**為**積木，並設定腳位 **6** 為**高電位**

**7** 加入 **變數 / 設定變數為** 積木

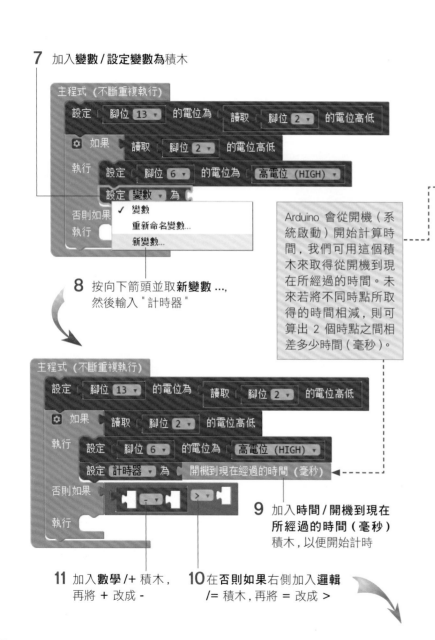

**8** 按向下箭頭並取 **新變數 ...**，
然後輸入 " 計時器 "

Arduino 會從開機（系統啟動）開始計算時間，我們可用這個積木來取得從開機到現在所經過的時間。未來若將不同時點所取得的時間相減，則可算出 2 個時點之間相差多少時間（毫秒）。

**9** 加入 **時間 / 開機到現在所經過的時間（毫秒）**
積木，以便開始計時

**11** 加入 **數學 / +** 積木，
再將 + 改成 -

**10** 在 **否則如果** 右側加入 **邏輯**
/= 積木，再將 = 改成 >

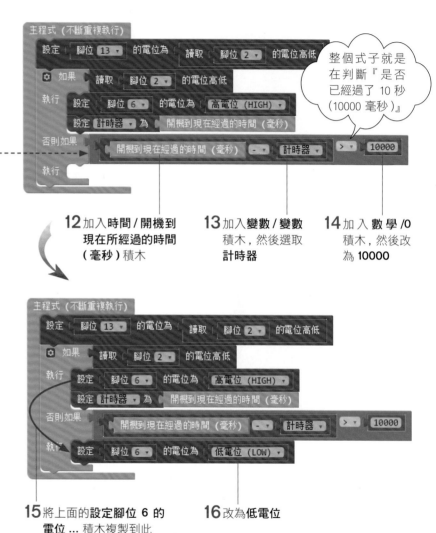

整個式子就是在判斷『是否已經過了 10 秒 (10000 毫秒）』

**12** 加入 **時間 / 開機到現在所經過的時間（毫秒）** 積木

**13** 加入 **變數 / 變數** 積木，然後選取 **計時器**

**14** 加入 **數學 / 0** 積木，然後改為 **10000**

**15** 將上面的 **設定腳位 6 的電位 ...** 積木複製到此

**16** 改為 **低電位**

4. 完成後請按右上方的**儲存**鈕存檔。完整的程式如下：

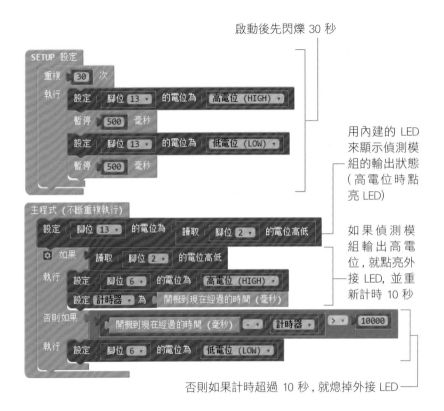

啟動後先閃爍 30 秒

用內建的 LED 來顯示偵測模組的輸出狀態 ( 高電位時點亮 LED)

如果偵測模組輸出高電位，就點亮外接 LED，並重新計時 10 秒

否則如果計時超過 10 秒，就熄掉外接 LED

## 實測

請先將於人體偵測模組的**延遲時間**旋鈕逆時針轉到底 (設為最短)：

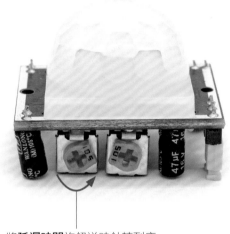

將**延遲時間**旋鈕逆時針轉到底

接著按 Flag's Block 右上方的 ▶ 鈕上傳成功後, 請先等待 30 秒 (等內建 LED 停止閃爍), 然後即可移動身體或揮揮手來測試一下, 此時外接 LED 燈應會立即點亮, 並持續一段時間。在身體保持不動之後, 約 10~13 秒外接 LED 即會熄掉。

請注意, 由於人體偵測模組在**延遲時間**後會有一段約 5 秒的**封鎖時間**, 此時偵測模組將不會感測動作。您可觀察 Arduino 內建 LED 的變化來了解偵測模組的運作狀態, 必要時可利用偵測模組上的 2 個旋鈕來調整**延遲時間**及**靈敏度**。

# 04 門窗防盜 一 磁力感測

在這一章中，我們會製作一個門窗防盜警示器，所需要的就是偵測門窗開關狀態的機制，以及門窗意外打開時發出警示音的發聲裝置，套件中的『**磁鐵+霍爾磁力感測模組**』及**蜂鳴器**就可以分別達成上述兩項功能，就讓我們一起來瞭解製作的方法吧。

## 4-1 認識霍爾磁力感測模組

**霍爾磁力感測模組**因為利用霍爾效應偵測磁力而得名，所謂的霍爾效應是指當電流通過導體或半導體時，會因為外部磁場偏向一邊，進而產生電壓：

▲ 圖片出處：https://zh.wikipedia.org/wiki/霍爾效應

因為磁鐵就能產生磁場，所以用霍爾磁力感測模組可以感測磁鐵是靠近還是分開，例如家裡的門窗防盜，或是手機套的掀蓋感測都是常用的應用。下面是本套件提供的霍爾磁力感測模組：

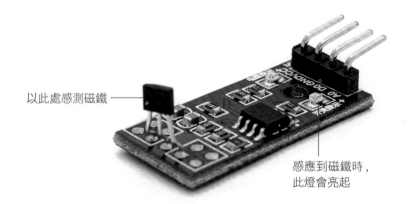

以此處感測磁鐵

感應到磁鐵時，此燈會亮起

## 4-2 認識蜂鳴器

常見的電子發聲裝置有**蜂鳴器** (buzzer) 及**喇叭** (或揚聲器，speaker) 二種。蜂鳴器一般比較小巧，音質比較差，大多做為發出警告或提示聲之用。喇叭的音質較好，依其材質、結構等因素也會有不同品質。一般來說，若只是要發出警告或提示聲，只要使用蜂鳴器即可，不需要特別以喇叭來發聲。

蜂鳴器可分為有源及無源 2 種，有源蜂鳴器內建了可產生電流變化的驅動電路，因此只要供電即可發聲，好處是使用簡單，缺點則是比較貴，而且只能發出單一頻率的音調；無源蜂鳴器則必須由我們自行提供高低變化的電流來發聲，使用上比較麻煩，但好處是可以發出高低不同的聲音。

為了減少初學者實驗的複雜度, 本套件提供的是有源蜂鳴器如下:

短腳請接
負極

長腳請接
正極

蜂鳴器上面的
貼紙是生產過
程的輔助品,
請將其撕掉,
聲音會比較大

## LAB 05 門窗防盜警示器

### 實驗目的

我們將以霍爾磁力感測模組搭配蜂鳴器來製作門窗防盜器, 一旦門窗被打開時, 感測模組會因為磁鐵遠離而偵測到磁力消失, 此時將以蜂鳴器來發出警報聲。

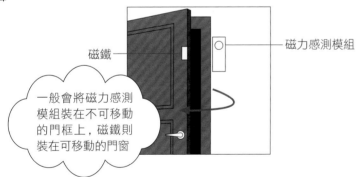

磁鐵

磁力感測模組

一般會將磁力感測
模組裝在不可移動
的門框上, 磁鐵則
裝在可移動的門窗

### 材料

- Arduino UNO 板
- 麵包板
- 霍爾磁力感測模組
- 磁鐵
- 蜂鳴器
- 杜邦線與排針若干

### 線路圖

蜂鳴器的長腳 ( 正極 ) 接腳位 6,
短腳 ( 負極 ) 接 GND

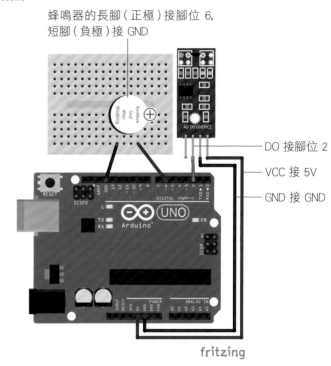

DO 接腳位 2
VCC 接 5V
GND 接 GND

### 設計原理

當霍爾磁力感測模組感應到磁鐵時會輸出低電位, 若沒有感應到磁鐵則會輸出高電位, 所以 Arduino 可以藉由電位高低來判斷磁鐵是否靠近。

若 Arduino 偵測到高電位, 表示磁鐵遠離, 也就是門窗被打開了, 此時就要供電給蜂鳴器發出警報聲。

## ⊶ 設計程式

1. 請開啟 Flag's Block，然後在**主程式**積木內放置下列積木，用來偵測磁鐵是否靠近霍爾磁力感測模組：

**1** 加入 **流程控制 / 重複當**積木　　　　**2** 加入 **邏輯 /=** 積木

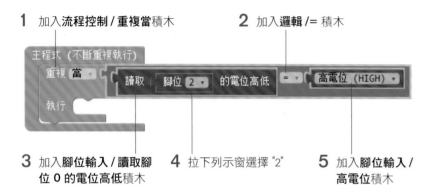

**3** 加入 **腳位輸入 / 讀取腳位 0 的電位高低**積木　　**4** 拉下列示窗選擇 "2"　　**5** 加入 **腳位輸入 / 高電位**積木

2. 加入以下積木，供電給腳位 6 上的蜂鳴器以發出警報聲：

**1** 加入 **腳位輸出 / 設定腳位 0 的電位為高電位**積木　　**2** 拉下列示窗選擇 "6"

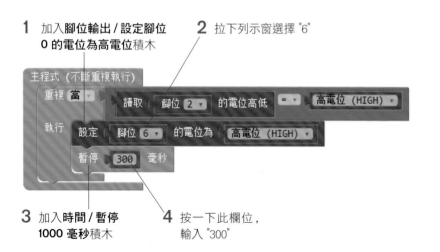

**3** 加入 **時間 / 暫停 1000 毫秒**積木　　**4** 按一下此欄位，輸入 "300"

3. 依照上述步驟的方法加入以下積木，停止供電給蜂鳴器，與上面發聲的積木搭配後便可產生短音的 "嗶...嗶...嗶..." 警報聲：

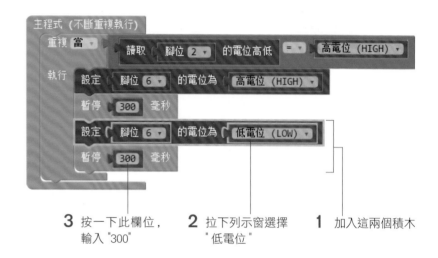

**3** 按一下此欄位，輸入 "300"　　**2** 拉下列示窗選擇 "低電位"　　**1** 加入這兩個積木

　　設計到此，就已經大功告成了。完成後請按**儲存**鈕儲存專案，然後確認 Arduino 板已用 USB 線接至電腦，按 ▶ 鈕將程式上傳。

　　當出現上傳成功訊息後，您會聽到蜂鳴器持續發出 "嗶...嗶...嗶..." 警報聲，表示門窗未關緊，請將磁鐵靠近霍爾磁力感測模組的前端，模擬門窗關閉的狀態，即可關閉警報聲。

 本套件提供的霍爾磁力感測模組是有極性差異，只能偵測到磁鐵的其中一極，所以若磁鐵靠近時仍無反應，請將磁鐵翻一面即可正確感應。

# 05 生活環境監測 — 溫濕度感測

## 5-1 認識溫濕度模組

**溫濕度模組**可用來感測所處環環的溫度及濕度，其應用範圍很廣，許多電子產品都需要靠它來感測溫濕度，例如可顯示溫濕度的電子鐘、冷氣機、除濕機、甚至手機等等。

每種溫濕度模組的接線及使用方法都可能不同，本套件所附的 **DHT11 溫濕度模組**有 3 根針腳：

接 GND —— 接 5V

資料傳輸針腳

本章除了學習使用溫濕度模組之外，還要將 Arduino 讀到的溫濕度傳送至 PC 顯示，因此底下就先來認識『能在不同裝置間傳送文字或數值資料』的**序列通訊**。

## 5-2 序列通訊

有時我們會需要傳送比較複雜的資料，例如在 Arduino 中將數值資料或一串文字傳送到電腦顯示，這時就可以使用**序列通訊**。Arduino UNO 的腳位 0、1 有內部線路連接到板子上的 USB 轉換晶片，因此可以當成**序列埠** (Serial Port) 的輸出入腳位，經由 USB 線來和 PC 互傳文字或數值訊息：

這裡有標示 TX 及 RX 的 LED，在傳輸資料時即會亮燈（例如當我們上傳程式時，這兩顆 LED 會頻繁閃爍，代表正在傳送資料）

標示 RX 的第 0 腳位負責接收 (Receive) 資料

標示 TX 的第 1 腳位負責送出 (Transmit) 資料

USB 孔

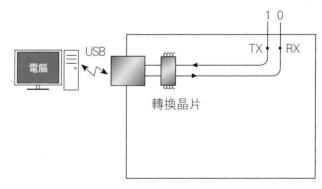

▲ 序列通訊的硬體線路都已內建，可以直接使用

請注意, 如果使用序列埠, 就不能再使用腳位 0、1 進行其他的數位輸出入了, 否則會相互干擾。

在 Flag's Block 中要進行序列通訊其實非常容易, 只要使用**序列通訊**類別的積木即可:

設定傳輸速率, 建議使用預設的 9600 bps
(bit per second, 每秒傳輸多少 bit)

由序列埠送出
資料給 PC

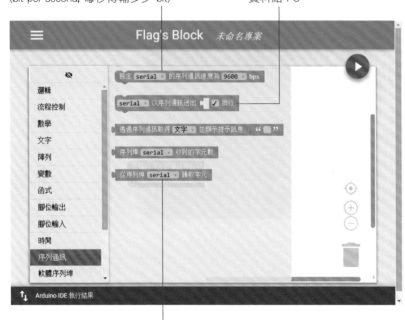

由序列埠讀取 PC 送來的資料

本章包含 2 個 LAB, 第一個 LAB 先練習每秒將一個累加的計數值傳送到 PC 顯示, 第二個 LAB 則是每 2 秒讀取一次溫濕度, 然後以 "溫度C, 濕度%" 的格式傳送到 PC 顯示。

至於要如何在 PC 中讀取 Arduino 送來的資料呢? 基本上只要使用任何具備『讀取序列埠 (COM埠)』功能的程式都可以。在下面的 LAB 中, 我們將使用 Arduino 程式開發環境的**序列埠監控視窗**, 詳情參見下面 LAB 的**實測**單元。

## LAB 06 序列通訊

### 實驗目的

練習將資料由 Arduino UNO 的序列埠經 USB 線傳送到 PC 顯示。

### 設計原理

程式會先設定序列通訊速率為 9600 bps, 然後建立一個名為 "計數器" 的變數, 接著不斷每隔 1 秒將計數器加 1, 再用序列通訊將計數值送到 PC 顯示。

### 設計程式

請啟動 Flag's Block 程式, 然後如下操作:

1. 先加入 **SETUP 設定**積木, 然後加入設定序列埠傳輸速率的積木:

**1** 加入**流程控制 /
SETUP 設定**積木

使用預設的
9600 bps 即可

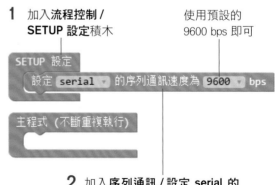

**2** 加入**序列通訊 / 設定 serial 的
序列通訊速度為 ...bps** 積木

2. 接著加入一個名為 "計數器" 的變數並初始化為 0：

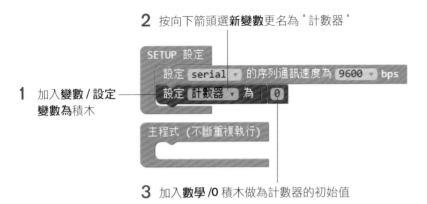

**2** 按向下箭頭選**新變數**更名為 "計數器"

**1** 加入**變數 / 設定變數為**積木

**3** 加入**數學 /0** 積木做為計數器的初始值

3. 在**主程式**積木中, 加入每秒將計數器加 1 並由序列埠輸出到 PC 的積木：

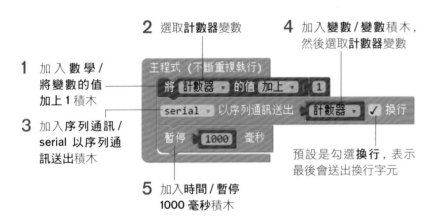

**2** 選取**計數器**變數

**4** 加入**變數 / 變數**積木, 然後選取**計數器**變數

**1** 加入 **數學 / 將變數的值加上 1** 積木

**3** 加入**序列通訊 / serial 以序列通訊送出**積木

**5** 加入**時間 / 暫停 1000 毫秒**積木

預設是勾選**換行**, 表示最後會送出換行字元

4. 完成後請按右上方的**儲存**鈕存檔。完整的程式如下：

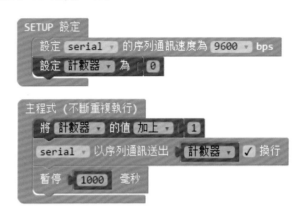

### 🔌 實測

按右上方的 ▶ 鈕上傳程式後, 請開啟 Flag's Block 內附的 Arduino 程式開發環境, 來觀看 Arduino 每秒經 USB 送來的計數值：

**1** 按此鈕

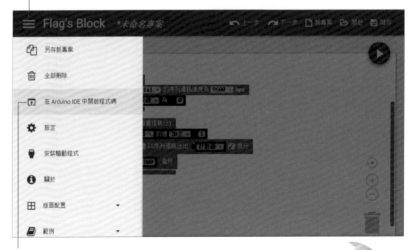

**2** 選此項即可開啟 Flag's Blcok 內附的 Arduino IDE（程式開發環境）

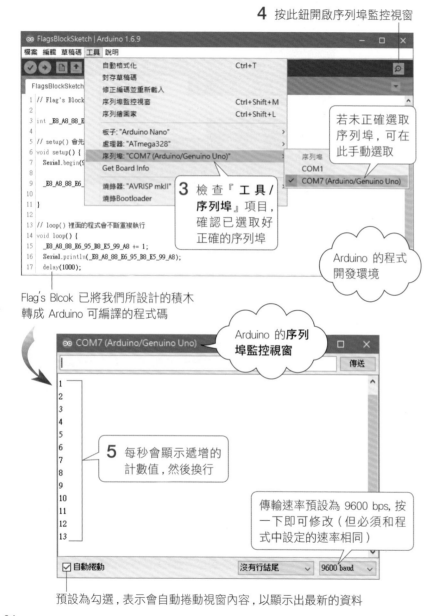

**4** 按此鈕開啟序列埠監控視窗

```
⊙⊙ FlagsBlockSketch | Arduino 1.6.9                    —  □  ×
檔案 編輯 草稿碼 工具 說明
┌───┬───┬───────────────────────────────────────────────┬─────┐
│ ✓ │ → │  自動格式化                    Ctrl+T          │  ⌕  │
FlagsBlockSketch│  封存草稿碼
1 // Flag's Block│  修正編碼並重新載入
2                │  序列埠監控視窗                Ctrl+Shift+M
3 int _E8_A8_88_E│  序列繪圖家                    Ctrl+Shift+L
4                │
5 // setup() 會先│  板子: "Arduino Nano"                      ▶
6 void setup() { │  處理器: "ATmega328"                       ▶
7   Serial.begin(9│  序列埠: "COM7 (Arduino/Genuino Uno)"      ▶   序列埠
8                │  Get Board Info                                COM1
9   _E8_A8_88_E6_│                                            ✓  COM7 (Arduino/Genuino Uno)
10               │  燒錄器: "AVRISP mkII"                      ▶
11 }             │  燒錄Bootloader
12
13 // loop() 裡面的程式會不斷重複執行
14 void loop() {
15   _E8_A8_88_E6_95_B8_E5_99_A8 += 1;
16   Serial.println(_E8_A8_88_E6_95_B8_E5_99_A8);
17   delay(1000);
```

若未正確選取序列埠，可在此手動選取

**3** 檢查『**工具/序列埠**』項目，確認已選取好正確的序列埠

Arduino 的程式開發環境

Flag's Blcok 已將我們所設計的積木轉成 Arduino 可編譯的程式碼

Arduino 的**序列埠監控視窗**

```
⊙⊙ COM7 (Arduino/Genuino Uno)              □  ×
┌──────────────────────────────────┐ ┌────┐
│                                  │ │傳送│
└──────────────────────────────────┘ └────┘
1                                            ▲
2
3
4
5
6
7
8
9
10
11
12
13                                           ▼
☑ 自動捲動          沒有行結尾  ∨   9600 baud  ∨
```

**5** 每秒會顯示遞增的計數值，然後換行

傳輸速率預設為 9600 bps，按一下即可修改（但必須和程式中設定的速率相同）

預設為勾選，表示會自動捲動視窗內容，以顯示出最新的資料

請注意，每次開啟**序列埠監控視窗**時都會重新啟動 Arduino，因此又會從 1 開始重新計數。**測試完成後，請記得關閉序列埠監控視窗**，否則它會一直佔用序列埠，而導致後續無法在 Flag's Blcok 中上傳程式。

## LAB 07 溫濕度監測

### ⏚ 實驗目的

練習在 Arduino UNO 中每 2 秒由溫濕度模組讀取一次資料，然後由序列埠經 USB 線傳送到 PC 顯示。

### ⏚ 材料

● Arduino UNO 板

● DHT11 溫濕度模組

● 杜邦線若干

### ⏚ 接線圖

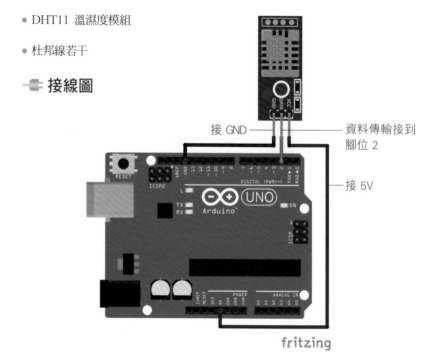

接 GND

資料傳輸接到腳位 2

接 5V

fritzing

## 設計原理

由於 Flag's Block 已內建了讀取 **DHT11 溫濕度模組**的積木, 因此可以很輕鬆地讀取其溫度及濕度, 然後再以 "溫度C, 濕度%" 的格式傳送到 PC 顯示。

## 設計程式

俗語說:『不要重新發明輪子!』因此我們可以把上一個 LAB 寫好的專案拿來修改使用, 以節省時間。請啟動 Flag's Block 程式, 然後如下操作:

1. 請先開啟上一個專案 (可按右上的**開啟**鈕來開啟已儲存的 .xml 專案檔), 然後另存為 "Lab7" 專案, 再將專案中用不到的 2 個**計數器**變數積木刪除:

**1** 按左上的選單圖示　　　請先開啟上一個 LAB

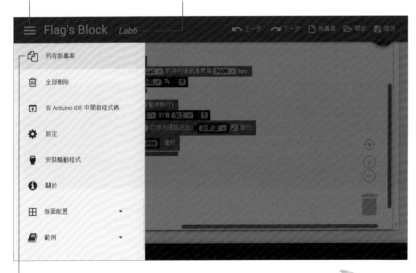

**2** 執行『**另存新專案**』命令,
另以 "Lab7" 儲存起來

這裡會顯示新的專案名稱

**3** 選取此積木再按 `Delete` 鍵將之刪除 ( 或在積木上按右鈕執行『**刪除 2 塊積木**』命令)

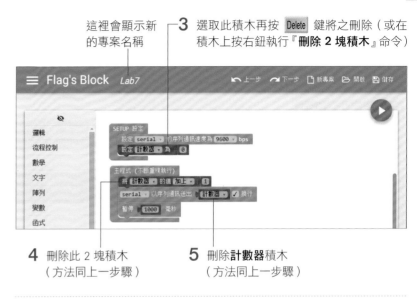

**4** 刪除此 2 塊積木
( 方法同上一步驟)

**5** 刪除**計數器**積木
( 方法同上一步驟)

 如果不小心操作錯了, 可隨時按最上方的**上一步**鈕往前回復操作。若回復過頭了, 則可按**下一步**鈕往後重做。

2. 複製出 3 份序列輸出積木, 然後加入要輸出的溫度、濕度及字串積木, 並改為暫停 2 秒:

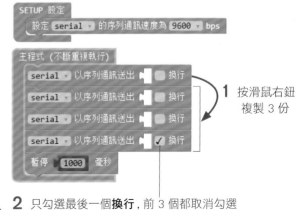

**1** 按滑鼠右鈕
複製 3 份

**2** 只勾選最後一個**換行**, 前 3 個都取消勾選

**4** 加入**文字/"　"**積木，
然後改為 "C,"

**3** 加入**感測器/從腳位 2 的 DHT11 模組讀取攝氏溫度**積木

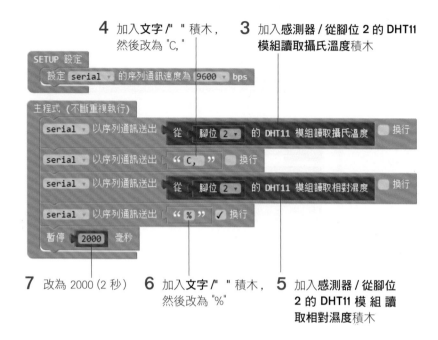

**7** 改為 2000（2 秒）

**6** 加入**文字/"　"**積木，
然後改為 "%"

**5** 加入**感測器/從腳位 2 的 DHT11 模組讀取相對濕度**積木

3. 完成後請按右上方的**儲存**鈕存檔。

## 🔌 實測

　按右上方的 ▶ 鈕上傳程式後，請開啟 Flag's Block 內附的 Arduino 程式開發環境，再打開其**序列埠監控視窗**（詳細開啟步驟參見上一個 LAB）來觀看 Arduino 每 2 秒輸出的溫濕度資料：

對著溫濕度模組不斷呵氣，就可看到溫度及濕度都會上升

請注意，在上傳程式時如果出現以下錯誤訊息：

顯示 COM 埠存取被拒

　那麼很可能是之前開啟的**序列埠監控視窗**忘記關掉，以致 COM 埠被佔用而無法上傳程式。此時只需關閉**序列埠監控視窗**，再重新上傳程式即可。

# 06 小型資訊面板 － LCD 液晶顯示

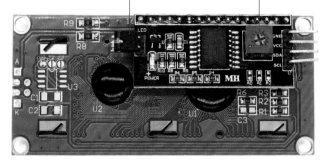

此跳線是 LCD 的電源，請勿移除，否則 LCD 螢幕將失去電源

這個旋鈕可以調整螢幕顯示對比，所以若看不清楚文字時可調整此旋鈕

上一章我們將偵測到的溫濕度值傳送到電腦上顯示，不過每次要看 Arduino 的感測值都一定要開電腦嗎？當然不是！本章就讓我們學習如何使用 LCD 液晶顯示模組來顯示資訊。

## 6-1 認識 LCD 液晶顯示模組

下圖是本套件提供的 LCD 液晶顯示模組：

共可顯示兩列文字，每列 16 個英數字元

因為 Arduino 無法像電腦、手機在短時間處理大量畫面資料，所以我們使用的是只能顯示文字的 Character LCD。本 LCD 模組上有獨立控制器負責處理顯示的動作，Arduino 只要將文字傳送過去，LCD 模組就會將之顯示出來。

## 6-2 I²C 通訊

本 LCD 模組採用 I²C 作為通訊介面，I²C 是 Inter-Integrated Circuit 的縮寫，正式的唸法是 "I-Square-C"，即『I 平方 C』的意思，有人簡化念成『I 方 C』，但一般人多習慣用 I2C 表示，直接唸做 "I-Two-C"。I²C 是飛利浦公司開發，具備簡單、低成本、低功耗等優點，目前已被廣泛使用並成為通訊標準之一。

I2C 由 SDA (Serial Data, 資料) 和 SCL (Serial Clock, 時脈) 兩條線所構成，只要使用兩條線就可以串接多個裝置：

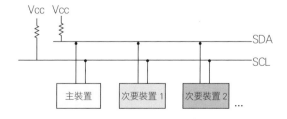

I2C 採用主/從 (Master/Slave) 架構, 只能有一個主裝置, 但可有多個次要裝置, 主裝置負責 I2C 通訊的控制與聯絡。通常 Arduino 會擔任主裝置, 然後感測器為次要裝置。因為可以有多個次要裝置, 為了讓主裝置能指定、辨識資料傳輸的對象, 每個次要裝置必須各自擁有一個唯一的 I2C 位址, 主裝置就是透過 I2C 位址來指定要溝通的次要裝置。

 本套件提供的 I2C 介面 LCD 模組的位址為 0x27 或 0x3F。

在 Arduino UNO 相容開發板上, 是以 A4、A5 腳位做為 I2C 的 SDA、SCL 腳位 (其它款 Arduino 開發板可能使用不同腳位, 請參見官網說明 https://www.arduino.cc/en/Reference/Wire)。所以使用 I2C 介面的裝置時, 必須將裝置 SDA、SCL 腳位依序連接到 A4、A5 腳位, 不能任意更換到其他腳位。

## LAB 08 家用溫度計

### 實驗目的

每 2 秒感測一次溫濕度, 然後將數值顯示於 LCD 液晶顯示模組。

### 材料

- Arduino UNO 板

- 麵包板

- 溫濕度模組

- I2C 介面 LCD 液晶顯示模組

- 杜邦線與排針若干

### 線路圖

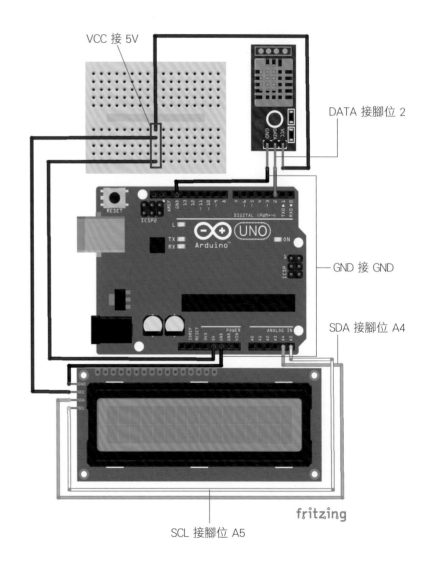

VCC 接 5V

DATA 接腳位 2

GND 接 GND

SDA 接腳位 A4

SCL 接腳位 A5

fritzing

## 設計程式

1. 請開啟 Flag's Block, 加入下列積木啟用 LCD 模組：

**1** 加入**流程控制 /SETUP** 設定積木

SETUP 設定
啟用位址為 `0x3F` 的 LCD 液晶顯示器 —— **2** 在 **I2C LCD 液晶顯示模組**類別尋找並加入此積木

本套件提供的 LCD 位址有 0x3F 與 0x27 兩種, 所以若看不到字請於此處更改為 "0x27"

2. 在**主程式**積木內放置下列積木, 將感測到的溫濕度值顯示在 LCD 模組上：

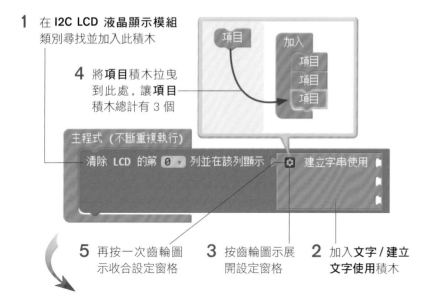

**1** 在 **I2C LCD 液晶顯示模組**類別尋找並加入此積木

**4** 將**項目**積木拉曳到此處, 讓**項目**積木總計有 3 個

**5** 再按一次齒輪圖示收合設定窗格

**3** 按齒輪圖示展開設定窗格

**2** 加入**文字 / 建立文字使用**積木

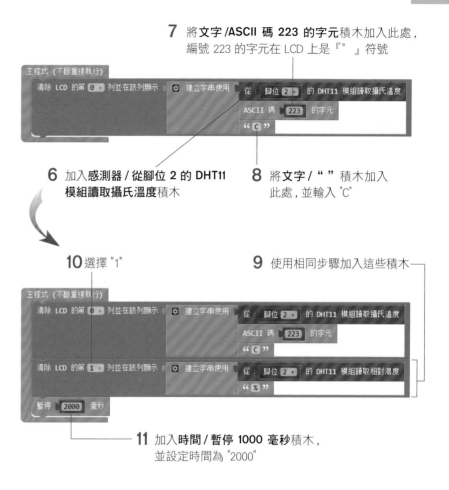

**7** 將**文字 /ASCII 碼 223 的字元**積木加入此處, 編號 223 的字元在 LCD 上是『°』符號

**6** 加入**感測器 / 從腳位 2 的 DHT11 模組讀取攝氏溫度**積木

**8** 將**文字 / " "**積木加入此處, 並輸入 "C"

**10** 選擇 "1"

**9** 使用相同步驟加入這些積木

**11** 加入**時間 / 暫停 1000 毫秒**積木, 並設定時間為 "2000"

設計到此, 就已經大功告成了, 完整的架構如下：

完成後請按**儲存**鈕儲存專案, 然後確認 Arduino 板已用 USB 線接至電腦, 按 ▶ 鈕將程式上傳。

當出現上傳成功訊息後, 即可在 LCD 上看到模組感測到的溫濕度值, 請試試看對溫濕度模組吹氣, 觀察 LCD 上的溫濕度變化。

若您的 LCD 看不到字, 可能是位址設定錯誤或是螢幕對比沒有調整好, 請依照下面步驟來排除問題:

1. **檢查位址是否正確**:若位址設定是正確的, 在 Flag's Block 上傳程式後, LCD 螢幕會閃爍一下。所以如果上傳程式後沒有看到螢幕閃爍一下, 表示位址設定有誤, 請依照前面實驗步驟 1 的說明, 修改積木中的位址。

2. **調整螢幕對比**:若您確認上傳程式後有看到螢幕閃爍一下, 則可能是因為螢幕對比過小導致看不到字, 請參考 6-1 節的說明, 用十字起子旋轉 LCD 後面的旋鈕, 調整螢幕對比至文字清晰的程度。

## 衍生練習

在前面的第 4 章, 我們曾經利用霍爾磁力感測模組與蜂鳴器來製作門窗防盜警示器, 請參考第 4 章與本章的說明, 以溫濕度模組感測溫度值達到特定的高溫時, 透過蜂鳴器來發出警報, 製作一個火災警示器。

# 07 淹水偵測與滿水溢出預防 — 水位感測

每當颱風季節來臨時，豪雨帶來的大水往往造成災害，若是可以先感應到水位上漲，就能趕快應變避免危害，本章就讓我們學習如何使用**水位偵測模組**來感測水位。

## 7-1 水位偵測模組

下圖是本套件提供的**水位偵測模組**：

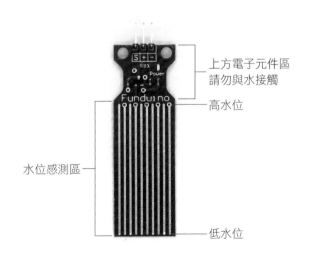

- 上方電子元件區請勿與水接觸
- 高水位
- 水位感測區
- 低水位

當模組的水位感測區偵測到水的時候，會依照水位輸出電壓，水位越高電壓越高，所以 Arduino 就可以依照電壓變化來得知目前的水位。

不過電壓變化屬於**類比訊號**，而 Arduino 只能處理**數位訊號**的資料，所以為了讓 Arduino 可以偵測類比訊號，必須進行**類比數位轉換** (Analog-to-Digital Conversion, **ADC**)。

## 7-2 認識類比訊號

前面章節使用 Arduino 來控制或感測電子模組時，所使用的是數位訊號 (0/1、High/Low、或 On/Off...)，數位訊號主要是 Arduino、電腦內部處理的資料型式。但在現實世界中則幾乎都是類比訊號：不管是我們看到、聽到、聞到的都是類比式的訊號，例如在光線的亮/暗之間，還可再細分出不同亮度的連續性變化：

數位化的溫度計，36.2 度下一個就是 36.3 度

體溫、環境溫度是類比訊號，36.2 ～ 36.3 度之間還會有連續性的變化

利用感測器、電子電路, 可將真實世界的物理類比量轉換成電子類比訊號, 例如電壓的變化。如前所述, 為了讓 Arduino 可進一步處理, 就必須進行類比數位轉換 (ADC), 將電壓變化轉成可用 0、1 來表達的數位資料型式。

Arduino UNO 開發板的類比輸入腳位為 A0～A5, 當類比輸入腳位偵測到電壓輸入時, ADC 轉換會將 0～5V 電壓範圍轉成 0～1023 再傳給 Arduino。所以傳回值 1023 就是 5V 電壓輸入, 614 表示是 3V 電壓輸入。也就是說, 將傳回值先除以 1023 再乘上 5 就可以換算成電壓。

## LAB 09 浴缸放水警示器

### 實驗目的

我們將製作一個浴缸放水警示器來學習如何感測水位, 本實驗會以水位偵測模組搭配 LCD 與蜂鳴器, LCD 將隨時顯示目前水位, 一旦水位超過一定數值就以蜂鳴器來發出警報聲。

### 材料

- Arduino UNO 板
- 麵包板
- 水位偵測模組
- I2C 介面 LCD 液晶顯示模組
- 蜂鳴器
- 杜邦線與排針若干

### 線路圖

如下圖:

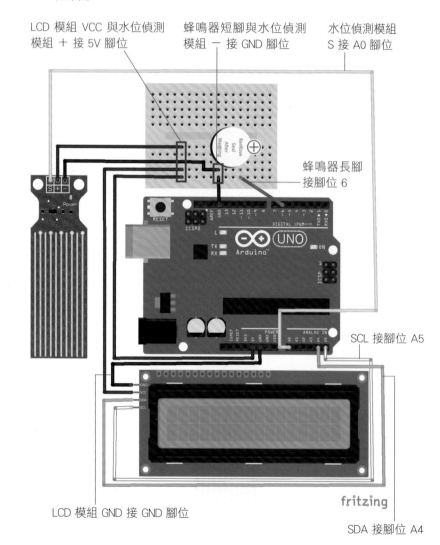

LCD 模組 VCC 與水位偵測模組 ＋ 接 5V 腳位

蜂鳴器短腳與水位偵測模組 － 接 GND 腳位

水位偵測模組 S 接 A0 腳位

蜂鳴器長腳接腳位 6

SCL 接腳位 A5

LCD 模組 GND 接 GND 腳位

SDA 接腳位 A4

## 設計原理

上一節已經說明當水位越高時，水位偵測模組會輸出越高的電壓，所以 Arduino 可以藉由電壓高低來判斷水位，一旦電壓超過預設的數值，便供電給蜂鳴器發出警報聲。

## 設計程式

1. 請開啟 Flag's Block，加入下列積木啟用 LCD 模組，並且定義變數以利後續使用：

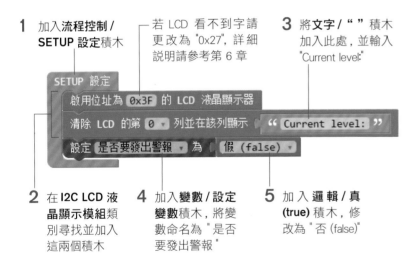

**1** 加入**流程控制 / SETUP 設定**積木

若 LCD 看不到字請更改為 "0x27"，詳細說明請參考第 6 章

**3** 將**文字 / " "** 積木加入此處，並輸入 "Current level:"

**2** 在 **I2C LCD 液晶顯示模組**類別尋找並加入這兩個積木

**4** 加入**變數 / 設定變數**積木，將變數命名為 "是否要發出警報"

**5** 加入 **邏輯 / 真 (true)** 積木，修改為 "否 (false)"

2. 我們先來定義一個發出警報的**函式**。函式是將一組積木結合成一個群組，之後呼叫這個函式就能執行裡面的積木群組。函式的好處是方便主程式重複執行一樣的動作，而且將比較複雜的積木群組轉變成函式後，主程式看起來也會比較清楚易懂。

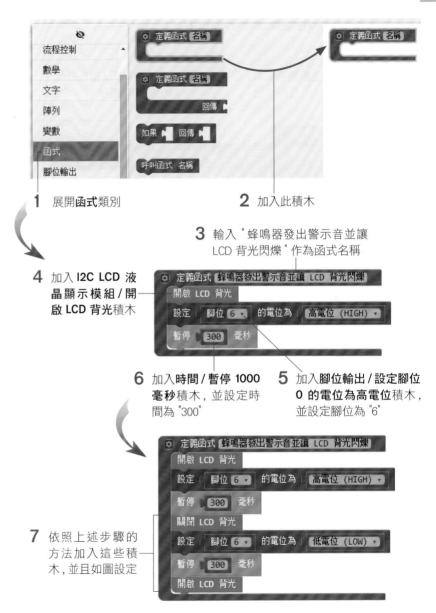

**1** 展開**函式**類別

**2** 加入此積木

**3** 輸入 " 蜂鳴器發出警示音並讓 LCD 背光閃爍 " 作為函式名稱

**4** 加入 I2C LCD 液晶顯示模組 / 開啟 LCD 背光積木

**5** 加入腳位輸出 / 設定腳位 0 的電位為高電位積木，並設定腳位為 "6"

**6** 加入時間 / 暫停 1000 毫秒積木，並設定時間為 "300"

**7** 依照上述步驟的方法加入這些積木，並且如圖設定

43

3. 定義好發出警報的函式之後, 請如下設計主程式:

**1** 加入**變數** / **設定變數為**積木, 並設定變數名稱為 " 目前水位 "

**2** 加入**腳位輸入** / **讀取腳位 A0 的 ADC 值**積木

主程式 (不斷重複執行)
設定 目前水位 ▾ 為　讀取　腳位 A0 ▾ 的 ADC 值 (0~1023)
清除 LCD 的第 1 ▾ 列並在該列顯示　目前水位 ▾

**3** 在 **I2C LCD 液晶顯示模組**類別尋找並加入此積木

**4** 此處修改為 "1"

**5** 加入**變數** / **變數**積木, 並選擇變數為 " 目前水位 "

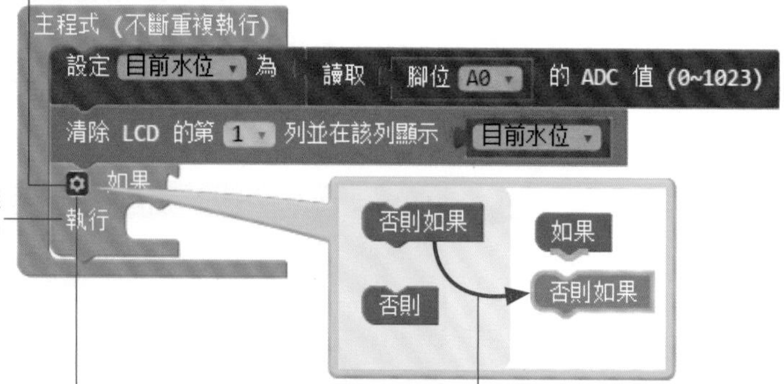

**6** 加入**流程控制** / **如果**積木

**7** 按齒輪圖示展開設定窗格

主程式 (不斷重複執行)
設定 目前水位 ▾ 為　讀取　腳位 A0 ▾ 的 ADC 值 (0~1023)
清除 LCD 的第 1 ▾ 列並在該列顯示　目前水位 ▾
⚙ 如果
執行

否則如果　　　如果

否則　　　否則如果

**9** 再按一次齒輪圖示收合設定窗格

**8** 將**否則如果**積木拉曳到此處

**10** 加入**邏輯** / **＝**積木

**11** 加入**變數** / **變數**積木, 並選擇變數為 " 目前水位 "

**12** 選擇 ">"

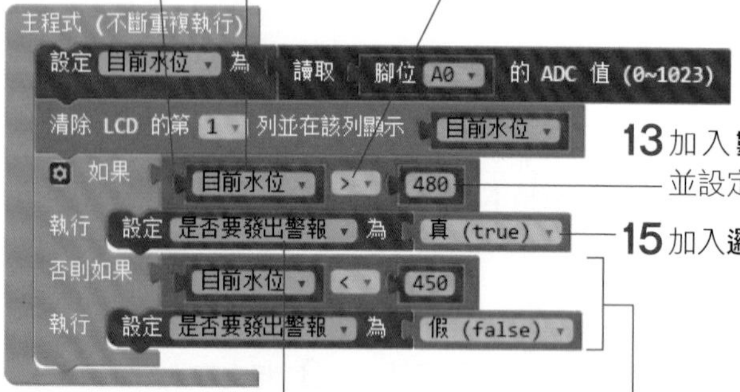

主程式 (不斷重複執行)
設定 目前水位 ▾ 為　讀取　腳位 A0 ▾ 的 ADC 值 (0~1023)
清除 LCD 的第 1 ▾ 列並在該列顯示　目前水位 ▾
⚙ 如果　　目前水位 ▾ > 480
執行　設定 是否要發出警報 ▾ 為　真 (true)
否則如果　目前水位 ▾ < 450
執行　設定 是否要發出警報 ▾ 為　假 (false)

**13** 加入**數學** / **0** 積木, 並設定數字為 "480"

**15** 加入**邏輯** / **真 (true)** 積木

**14** 加入**變數** / **設定變數為**積木, 並選擇變數為 " 是否要發出警報 "

**16** 依照之前的說明加入這些積木

**17** 依照之前的說明加入這些積木

主程式 (不斷重複執行)
設定 目前水位 ▾ 為　讀取　腳位 A0 ▾ 的 ADC 值 (0~1023)
清除 LCD 的第 1 ▾ 列並在該列顯示　目前水位 ▾
⚙ 如果　　目前水位 ▾ > 480
執行　設定 是否要發出警報 ▾ 為　真 (true)
否則如果　目前水位 ▾ < 450
執行　設定 是否要發出警報 ▾ 為　假 (false)
⚙ 如果　　是否要發出警報 ▾ ＝ ▾ 真 (true)
執行　呼叫函式 蜂鳴器發出警示音並讓 LCD 背光閃爍
否則　暫停 300 毫秒

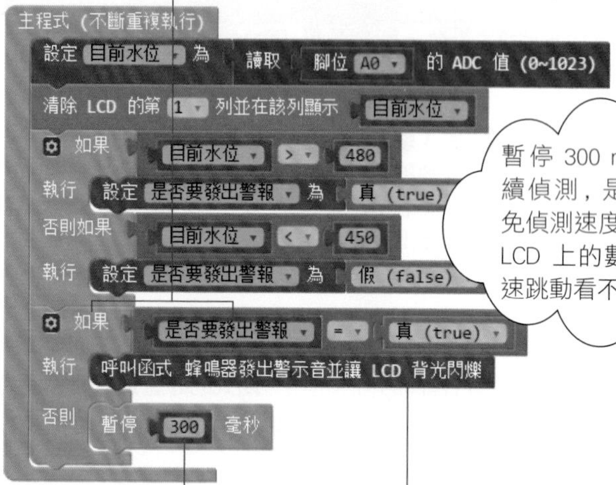

暫停 300 ms 再繼續偵測, 是為了避免偵測速度過快時, LCD 上的數值會快速跳動看不清楚

**19** 加入**時間** / **暫停 1000 毫秒**積木, 並設定時間為 "300"

**18** 加入**函式** / **呼叫函式 蜂鳴器發出警示音並讓 LCD 背光閃爍**積木

上面設定當數值超過 480 則發出警報，480 是筆者測試大約水位 1/3 高的數值，因為每一批生產的模組所偵測的數值可能略有不同，您可以直接使用筆者的數值，或者自行測試手上的模組取一個合適的數值。

另外我們設定小於 450 則不發出警報，之所以與超過 480 發出警報的數值不同，是為了避免水位在 480 上下浮動時，警報會忽開忽關造成困擾。

設計到此，就已經大功告成了，完整的架構如下：

**SETUP 設定**
啟用位址為 0x3F 的 LCD 液晶顯示器
清除 LCD 的第 0 列並在該列顯示 " Current level: "
設定 是否要發出警報 為 假 (false)

**主程式 (不斷重複執行)**
設定 目前水位 為 讀取 腳位 A0 的 ADC 值 (0~1023)
清除 LCD 的第 1 列並在該列顯示 目前水位
如果 目前水位 > 480
執行 設定 是否要發出警報 為 真 (true)
否則如果 目前水位 < 450
執行 設定 是否要發出警報 為 假 (false)
如果 是否要發出警報 = 真 (true)
執行 呼叫函式 蜂鳴器發出警示音並讓 LCD 背光閃爍
否則 暫停 300 毫秒

**定義函式 蜂鳴器發出警示音並讓 LCD 背光閃爍**
開啟 LCD 背光
設定 腳位 6 的電位為 高電位 (HIGH)
暫停 300 毫秒
關閉 LCD 背光
設定 腳位 6 的電位為 低電位 (LOW)
暫停 300 毫秒
開啟 LCD 背光

完成後請按**儲存**鈕儲存專案，然後確認 Arduino 板已用 USB 線接至電腦，按 ▶ 鈕將程式上傳。

當出現上傳成功訊息後，請將水位偵測模組的水位感測區 (金屬長條部份) 放入水中，即可在 LCD 上看到目前數值，依照筆者的測試，水位感測區最下方低水位剛接觸水面時，初始值大約 200~300，一直到最上方高水位的數值則大約會是 600~700。而當數值超過積木設定的 480 時，蜂鳴器便會發出警報。

 請注意，水位偵測模組的上方電子元件區切勿與水接觸。

# 08 地震偵測 ─ 加速度感測

台灣位處地震帶, 每年都會發生多次地震, 本章我們將利用加速度感測模組來偵測地震的發生, 並且以折線圖描繪出地震的振幅。

下圖是本套件提供的加速度感測模組:

X、Y 軸方向, Z 軸穿出
板子與 X、Y 軸垂直

本套件的模組為加速度 3 軸及陀螺儀 3 軸共 6 軸的感測模組, 不過本實驗僅會使用加速度感測。

加速度感測模組 (Accelerometer, 或稱加速度計、加速度規) 是用來偵測物體『加速度』的感測器, 它會偵測物體的加速度, 然後轉換為電子訊號後輸出。

```
加速度偵測器  →  將加速度轉換為
                電子訊號後輸出  →  微處理器
```

『加速度』就是物體移動時的速度變化, 像是墜落的物體越掉越快是因為地心引力所造成的『加速度』;用手把棒球丟出去的飛行過程以及汽車從靜止到開動都是速度變化造成的加速度。本套件所附的加速度感測模組會把加速度拆解為 X、Y、Z 三個方向, 如左邊模組圖所示, X 與 Y 是與模組板面平行, 而 Z 軸是從模組板面垂直穿出的方向, 模組會把這三個方向的加速度值以地球上重力加速度的 1/1000 為單位 (稱為 mg, m 表示 1/1000, g 就是重力加速度) 回報。

加速度感測模組的偵測原理可用下圖的結構來比擬。當模組以向右的加速度移動時, 圖中的參考物會因為慣性往左邊移動 (如同公車啟動時站立的我們會往後倒一樣), 這時就會擠壓左邊的彈簧, 拉長右邊的彈簧, 即可依據彈簧的變化程度推算加速度的大小。將此結構依據 X、Y、Z 三個方向設置就可以偵測個別方向的加速度。

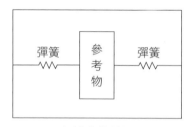

加速度偵測器

在地球上, 若將加速度感測模組平置於桌面上時, Z 軸方向的參考物會受到地心引力往下落, 使得加速度感測模組認為是以跟地心引力相反方向的加速度移動, 因而回報在 Z 軸有 1g 往上的加速度。如果傾斜加速度感測模組, 因為 Z 軸與地面不垂直, 所以彈簧變化的程度會變小, 回報的 Z 軸加速度會小於 1g, 就可依此判斷模組處於傾斜狀態。

由於現代有許多應用領域都需要偵測人與物體之間的互動關係, 因此加速度感測模組的使用便跟著普及起來, 許多 3C 產品 (例如:手機、遊戲手把) 乃至各種生活用品, 都已巧妙地置入了加速度偵測器, 以提供更人性化的操作介面或控制。加速度偵測器常見的應用包括:

- 動作偵測：近幾年大家最熟悉的應用莫過於遊戲手把了，當我們揮動手把時，便能根據揮舞手臂時的力道與方向，巧妙地反映在遊戲當中，不需要靠按鈕與鍵盤來操作。

- 傾斜偵測：許多數位相機或照相手機，都加裝了加速度偵測器，可在拍攝時偵測相機的水平角度，或是像一些汽車警報系統，在車子傾斜到某種程度，就會判斷可能遭拖吊，而發出警報聲響。

- 碰撞偵測：例如汽車安全氣囊控制，用於偵測車輛發生碰撞，以便及時將安全氣囊充氣以保護駕駛和乘客。

## LAB 10　地震監測儀

### 實驗目的

　　以加速度感測模組偵測地震的大小，然後將此數值傳給 Arduino IDE 繪製成折線圖以描繪出地震的振幅。

### 材料

- Arduino UNO 板

- 麵包板

- 加速度感測模組

- I2C 介面 LCD 液晶顯示模組

- 杜邦線與排針若干

### 線路圖

如下圖：

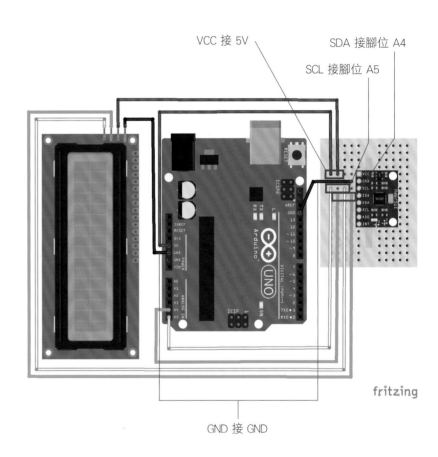

VCC 接 5V

SDA 接腳位 A4

SCL 接腳位 A5

GND 接 GND

fritzing

## ⚙️ 設計程式

1. 請開啟 Flag's Block, 加入下列積木啟用 LCD 模組：

**1** 加入**流程控制 /SETUP** 設定積木

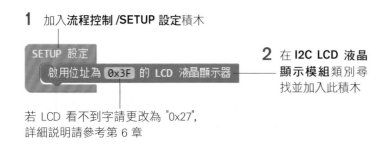

**2** 在 **I2C LCD** 液晶**顯示模組**類別尋找並加入此積木

若 LCD 看不到字請更改為 "0x27", 詳細說明請參考第 6 章

2. 在**主程式**積木內放置下列積木, 將感測到的 3 軸加速度值顯示在 LCD 模組上：

**3** 按齒輪圖示展開設定窗格

**5** 再按一次齒輪圖示收合設定窗格

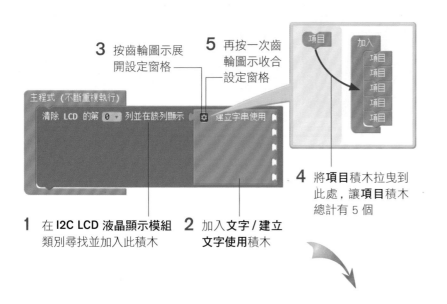

**4** 將**項目**積木拉曳到此處, 讓**項目**積木總計有 5 個

**1** 在 **I2C LCD** 液晶**顯示模組**類別尋找並加入此積木

**2** 加入**文字 / 建立文字使用**積木

**7** 將**文字 /**" " 積木加入此處, 並輸入半形逗號 ","

**6** 加入**感測器 /MPU6050 X 軸加速度值**積木

**9** 此積木選擇 "Y" 軸

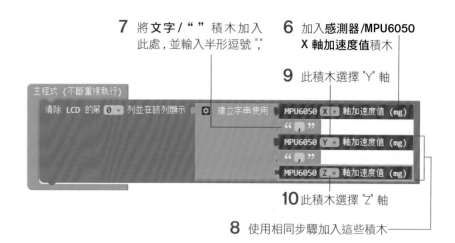

**10** 此積木選擇 "Z" 軸

**8** 使用相同步驟加入這些積木

3. 接著放置以下積木, 透過序列埠將加速度值傳送到 PC 給 Arduino IDE：

**1** 加入**序列通訊 /serial 以序列通訊送出**積木

**3** 在此積木按滑鼠右鈕, 執行『**複製**』指令

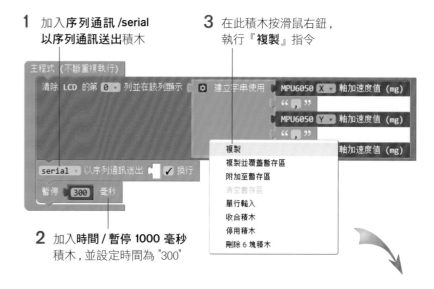

**2** 加入**時間 / 暫停 1000 毫秒**積木, 並設定時間為 "300"

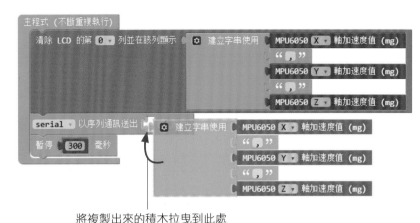

將複製出來的積木拉曳到此處

設計到此, 就已經大功告成了, 完整的架構如下:

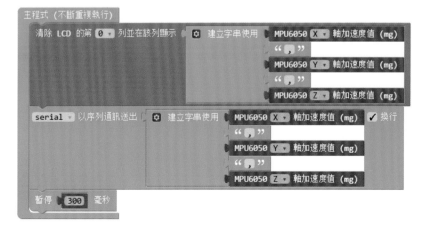

完成後請按**儲存**鈕儲存專案, 然後確認 Arduino 板已用 USB 線接至電腦, 按 ▶ 鈕將程式上傳。

當出現上傳成功訊息後, 即可在 LCD 上看到模組感測到的加速度值, 請試試看將模組往各個方向傾斜, 觀察 LCD 顯示的加速度值。

然後請依照下面步驟操作:

**4** 選擇**序列埠監控視窗**

**5** 觀察完加速度值後按此鈕關閉

這些是 Arduino 開發板傳送到電腦的 X, Y, Z 加速度值

請確認此欄位選擇 "9600"

如果是上下搖晃的地震，則 Z 值的震盪會比較大

這三個顏色依序代表我們送出的 X, Y, Z 值

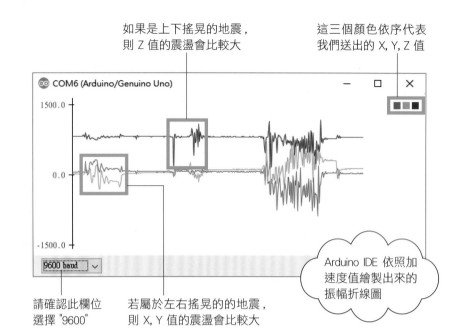

請確認此欄位選擇 "9600"

若屬於左右搖晃的地震，則 X, Y 值的震盪會比較大

Arduino IDE 依照加速度值繪製出來的振幅折線圖

Arduino IDE 內建繪圖的功能，可以將上述序列埠收到的數字繪製成折線圖，請如下操作：

**1** 按此選單

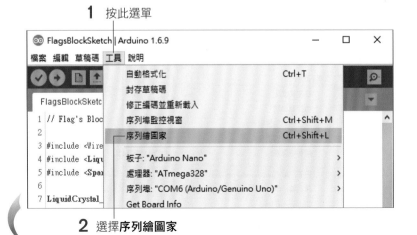

**2** 選擇**序列繪圖家**

# 09 一翻倒就知道的傾斜開關

所謂『通路』與『斷路』，您可以想像成電線是否斷線，通路表示電線是通的，斷路則表示電線斷線。

開關或是按鈕在使用時多半會搭配『上拉電路』或『下拉電路』接線，Arduino 的輸入腳位已經內建了上拉電路，不需要自行額外接線，只要將開關的一隻腳接到 GND、另外一隻腳接到輸入腳位，就可以從該輸入腳位讀取到開關狀態，非常方便。在『上拉電路』的用法中，當開關通路 (也就是前述傾斜開關直立) 時輸入腳位會讀到低電位；反之開關斷路 (即前述傾斜開關橫置) 時，從輸入腳位就會讀取到高電位。

傾斜開關經常使用在偵測電器是否傾倒，例如電暖爐如果倒了就立刻關閉。本章我們將使用傾斜開關來製作一個類似沙漏的倒數計時器，只要將計時器翻 90 度就會開始倒數，翻回來則停止倒數。

右圖是本套件提供的傾斜開關：

 傾斜開關除了偵測是否傾倒以外，也可以用於簡易的振動/搖擺偵測，因為振動時滾珠會滾來滾去，導致時而通路時而斷路，所以利用此特性便可偵測振動與搖擺。

傾斜開關直立時底部有金屬滾珠，此時開關是通路狀態，當開關傾斜時滾珠會離開底部，此時開關會變成斷路狀態：

## LAB 11 翻轉式泡麵計時器

### 實驗目的

製作類似沙漏的倒數計時器，當傾斜開關橫置時便開始倒數計時，時間到則發出警告，一旦傾斜開關直立便馬上停止計時。

### 材料

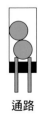   

| 通路 | 通路 | 斷路 | 斷路 |

- Arduino UNO 板
- 麵包板
- 傾斜開關

- I2C 介面 LCD 液晶顯示模組
- 蜂鳴器
- 杜邦線與排針若干

## 線路圖

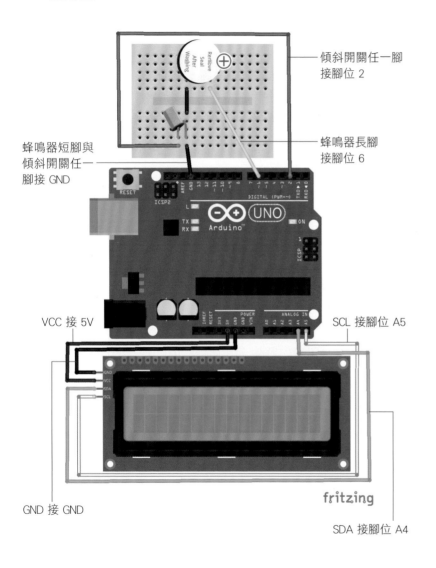

傾斜開關任一腳
接腳位 2

蜂鳴器長腳
接腳位 6

蜂鳴器短腳與
傾斜開關任一
腳接 GND

VCC 接 5V

SCL 接腳位 A5

GND 接 GND

SDA 接腳位 A4

fritzing

## 設計原理

當傾斜開關通路或斷路造成電位由高變低 (或由低變高),在瞬間會有如下圖的多次電位變化,最後才趨於穩定,此現象即稱為**彈跳 (Bounce)**。若程式在此期間多次讀取輸入狀態,將會讀到不同的輸入值。

按下開關的瞬間會
發生多次電位變化

彈跳的時間長短隨硬體而有不同,例如幾微秒 (microsecond) 或數毫秒 (millisecond) 都有可能。對人類而言,感覺只是將開關傾斜或直立『一次』,但是對於程式而言,卻可能會讀到『多次』傾斜又直立的訊息。所以為了避免因彈跳讀到不正確的輸入,我們需要做**防彈跳 (Debounce)** 的處理。

我們可以利用程式避開彈跳的問題,技巧有很多種,本例將以延遲處理的方式來防彈跳:

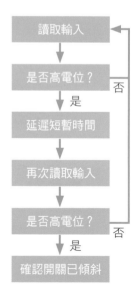

讀取輸入

是否高電位？ 否

是

延遲短暫時間

再次讀取輸入

是否高電位？ 否

是

確認開關已傾斜

## 🔌 設計程式

1. 請開啟 Flag's Block, 加入下列積木進行初始化：

**1** 加入**流程控制 /SETUP 設定**積木

**2** 加入**腳位輸入 / 啟用 0 號腳位的上拉電阻**積木, 並將腳位改成 "2"。此積木將啟用前述的 Arduino 上拉電路

**3** 在 **I2C LCD 液晶顯示模組**類別尋找並加入此積木

> 若 LCD 看不到字請將位址更改為 "0x27", 詳細說明請參考第 6 章

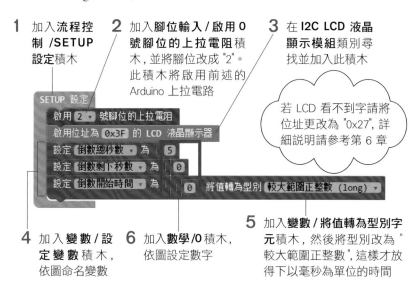

**4** 加入**變數 / 設定變數**積木, 依圖命名變數

**6** 加入**數學 /0** 積木, 依圖設定數字

**5** 加入**變數 / 將值轉為型別字元**積木, 然後將型別改為 "較大範圍正整數", 這樣才放得下以毫秒為單位的時間

2. 我們將先定義主程式會用到的函式名稱, 以便設計主程式, 函式內容會在主程式設計完畢後再來製作：

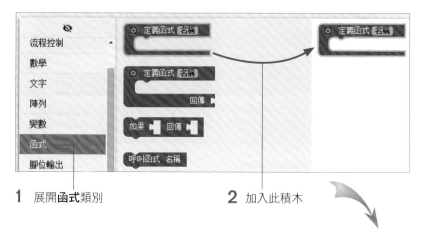

**1** 展開**函式**類別

**2** 加入此積木

**3** 輸入 "停止倒數計時" 作為函式名稱

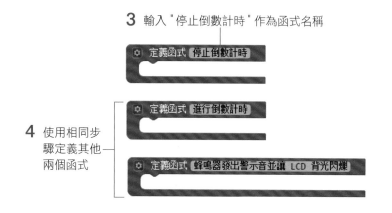

**4** 使用相同步驟定義其他兩個函式

3. 函式內部先不用放置積木, 我們先來設計主程式, 請在**主程式**積木加入下面積木, 偵測到開關傾斜時便倒數計時：

**2** 按齒輪圖示加入**否則如果**積木

**1** 加入**流程控制 / 如果**積木

**4** 加入**腳位輸入 / 讀取腳位 0 的電位高低**積木, 然後選擇腳位 "2"

**5** 加入**腳位輸入 / 高電位**積木

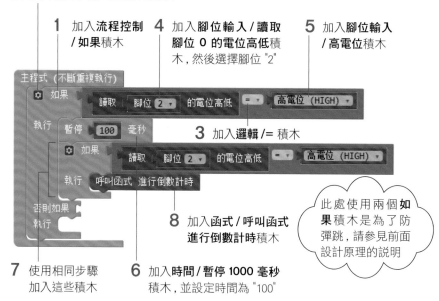

**3** 加入**邏輯 /=** 積木

> 此處使用兩個**如果**積木是為了防彈跳, 請參見前面設計原理的說明

**8** 加入**函式 / 呼叫函式進行倒數計時**積木

**7** 使用相同步驟加入這些積木

**6** 加入**時間 / 暫停 1000 毫秒**積木, 並設定時間為 "100"

4. 接著加入下面積木, 偵測到開關直立時便停止倒數計時:

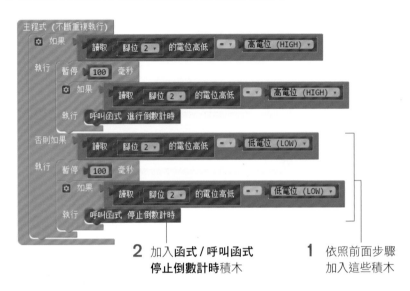

**2** 加入 **函式 / 呼叫函式 停止倒數計時**積木

**1** 依照前面步驟 加入這些積木

5. 我們已經設計好主程式, 可以開始設計函式了。請如下設計**進行倒數計時**函式:

**1** 加入**流程控制 / 如果**積木

**4** 加入**變數 / 變數**積木, 並選擇變數為 "倒數開始時間"

**3** 加入**邏輯 / ＝**積木

**2** 按齒輪圖示加入**否則**積木

**5** 加入**數學 /0** 積木

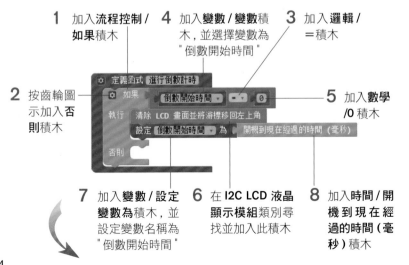

**7** 加入**變數 / 設定變數為**積木, 並設定變數名稱為 "倒數開始時間"

**6** 在 **I2C LCD 液晶顯示模組**類別尋找並加入此積木

**8** 加入**時間 / 開機到現在經過的時間 ( 毫秒 )** 積木

**11** 加入**變數 / 變數**積木, 並選擇變數為 "倒數總秒數"

**10** 加入**數學 / ＋**積木, 並更改為 "－"

**9** 加入**變數 / 設定變數為**積木, 並設定變數名稱為 "倒數剩下時間"

**13** 將此積木拉曳到此處

**12** 使用相同步驟, 在旁邊先設計好 "( 開機經過的時間 - 倒數開始時間 )÷ 1000"

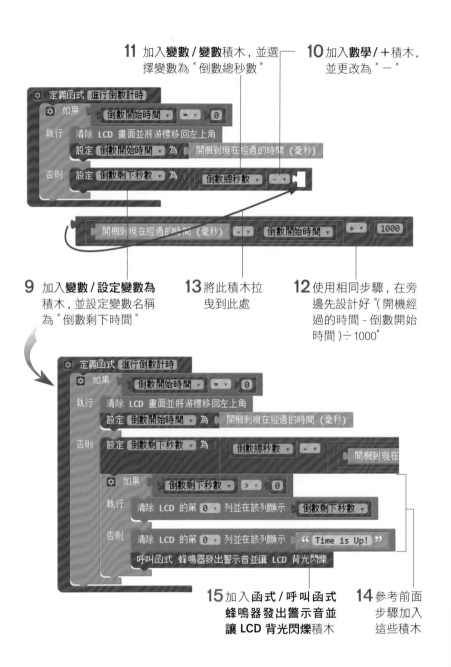

**15** 加入**函式 / 呼叫函式 蜂鳴器發出警示音並讓 LCD 背光閃爍**積木

**14** 參考前面步驟加入這些積木

6. 請再參考前面步驟，如下圖設計**停止倒數計時**函式：

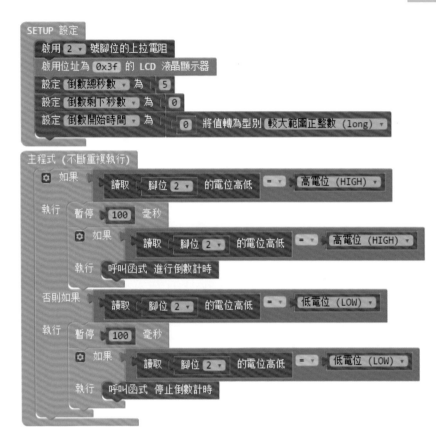

7. 請參考第 42 頁的說明，如下設計**蜂鳴器發出警示音並讓 LCD 背光閃爍**函式：

設計到此，就已經大功告成了，完整的架構如下：

完成後請按**儲存**鈕儲存專案, 然後確認 Arduino 板已用 USB 線接至電腦, 按 ▶ 鈕將程式上傳。

當出現上傳成功訊息後, 即可在 LCD 上看到 "Turn left to Start...", 請將麵包板一側抬起至垂直桌面, 讓傾斜開關傾斜即可開始倒數, LCD 將會顯示倒數計時的秒數, 中途若將傾斜開關直立便會停止倒數, 如果倒數至 0 則蜂鳴器會發出警報。

---

### 👤 硬體加油站

## 具備動態效果的計時器

我們還設計了一個具有動態效果的倒數計時器如下:

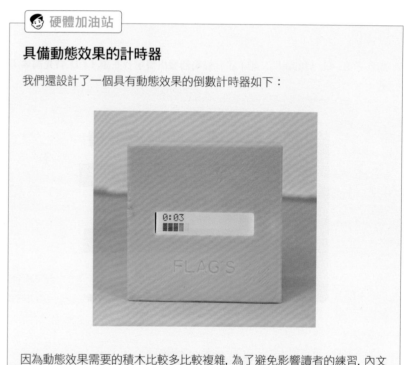

因為動態效果需要的積木比較多比較複雜, 為了避免影響讀者的練習, 內文並未說明此動態效果, 若您想要練習與測試此動態效果的倒數計時器, 請載入範例 **LAB 11 傾斜開關進階版**。